江苏省特种作业人员安全技术培训考核系列教材

U0158969

继电保护作业

江苏省安全生产宣传教育中心 | 组编
国网江苏省电力有限公司

中国电力出版社
CHINA ELECTRIC POWER PRESS

内 容 提 要

本书主要围绕继电保护作业展开，共十二章。第一章 安全生产工作管理，第二章 电工基础知识，第三章 继电保护基础知识，第四章 电气二次系统，第五章 电气安全工器具与安全标识，第六章 线路保护，第七章 变压器保护，第八章 高压电动机保护，第九章 自动装置，第十章 微机保护、变电站自动化和智能变电站，第十一章 电气二次回路，第十二章 应急处置。

本书以满足培训考核的需要为中心，以管用、实用、够用为原则，突出继电保护作业人员的安全生产基本知识和安全操作技能，具有较强的针对性和实用性，是继电保护作业人员培训考试的必备教材，也可作为电工作业人员自学的工具书。

图书在版编目（CIP）数据

继电保护作业 / 江苏省安全生产宣传教育中心，国网江苏省电力有限公司组编. —北京：中国电力出版社，2020.11

江苏省特种作业人员安全技术培训考核系列教材

ISBN 978-7-5198-4903-0

Ⅰ.①继… Ⅱ.①江… Ⅲ.①继电保护－安全培训－教材 Ⅳ.①TM77

中国版本图书馆 CIP 数据核字（2020）第 156150 号

出版发行：中国电力出版社

地　　址：北京市东城区北京站西街 19 号（邮政编码 100005）

网　　址：http://www.cepp.sgcc.com.cn

责任编辑：马　丹（010-63412725）王冠一

责任校对：黄　蓓　马　宁

装帧设计：郝晓燕

责任印制：钱兴根

印　　刷：北京天宇星印刷厂

版　　次：2020 年 11 月第一版

印　　次：2020 年 11 月北京第一次印刷

开　　本：710 毫米 ×980 毫米　16 开本

印　　张：15.75

字　　数：223 千字

定　　价：55.00 元

本书编写组

组　长　沈重威

成　员　吴建根　王朝凯　赵一鸣　邢　军　邱　涛　吴　凡

　　　　孔沙兵　刘苍松　徐菲菲

审　核　高　杰

为了贯彻落实《国家安全监管总局关于做好特种作业（电工）整合工作有关事项的通知》（安监总人事〔2018〕18号），进一步做好整合后的继电保护作业人员安全技术培训与考核工作，根据新颁布的《特种作业（电工）安全技术培训大纲和考核标准》，我们组织专家编写了继电保护作业培训教材。

本教材以满足培训考核的需要为中心，以管用、实用、够用为原则，突出继电保护作业人员的安全生产基本知识和安全操作技能，具有较强的针对性和实用性，是继电保护作业人员培训考试的必备教材，也可作为电工作业人员自学的工具书。

本教材的内容主要包括：安全生产工作管理，电工基础知识，继电保护基础知识，电气二次系统，电气安全工器具与安全标识，线路保护，变压器保护，高压电动机保护，自动装置，微机保护、变电站自动化和智能变电站，电气二次回路和应急处置。

本教材由江苏省安全生产宣传教育中心组织编写。沈重威主编，高杰审核，第一章由邢军编写，第二章由吴凡、吴建根编写，第三章和第七章由沈重威编写，第四章和第六章由王朝凯编写，第五章由刘苍松编写，第八章和第十一章由邱涛编写，第九章由赵一鸣、沈重威编写，第十章由孔沙兵、沈重威编写，第十二章由徐菲菲编写。

在编写和出版过程中得到了江苏省应急管理厅基础处、国网江苏省电力有限公司的大力支持，在此表示衷心的感谢。由于编者水平有限，书中可能会出现一些错误和不足之处，敬请读者批评指正。

编 者
2020 年 7 月

目 录
CONTENTS

第一章　CHAPTER ONE

安全生产工作管理

　　本章介绍了特种作业电工人员应遵守的安全生产法律、法规、方针；按特种作业电工安全技术培训大纲及考核标准，叙述了继电保护作业人员的基本要求；介绍了电气作业人员保证安全工作的组织措施、技术措施，以及工作票和操作票的规定。

第一节　安全生产法律、法规、方针

安全生产法律、法规、方针包括安全生产法律、安全生产行政法规、安全生产部门规章、国家关于安全生产方针，主要有《中华人民共和国安全生产法》《中华人民共和国劳动法》《中华人民共和国劳动合同法》《中华人民共和国职业病防治法》《中华人民共和国电力法》《生产安全事故报告和调查处理条例》《工伤保险条例》《特种作业人员安全技术培训考核管理规定》《特种设备安全监察条例》等，本节主要宣贯《中华人民共和国安全生产法》。

《中华人民共和国安全生产法》（2002 年 6 月 29 日发布，2002 年 11 月 1 日实施），全国人民代表大会常务委员先后于 2009 年 8 月、2014 年 8 月进行了两次修订，《中华人民共和国安全生产法》是安全领域的"宪法""母法"，目的是加强安全生产监督管理，防止和减少生产安全事故，保障人民群众生命和财产安全，促进经济发展，明确安全责任制并规定从业人员的权利和义务。

《中华人民共和国安全生产法》确立的我国安全生产基本法律制度：企业负责——企业是安全生产的责任主体，即"管生产必须管安全"；国家监察——政府依法对企业的安全生产实施监督管理，即安全监察、安全审查；行业管理——由政府相关行政主管部门或授权的资产经营管理机构或公司实施直管、专项监管；社会监督——工会、群众、媒体舆论；中介服务——国家推行安全生产技术中介服务制度。

《中华人民共和国安全生产法》赋予从业人员有关安全生产和人身安全的基本权利，可以概括为以下五项：享有工伤保险和伤亡的求偿权；危险因素和应急措施的知情权；安全管理的批评检控权；拒绝违章指挥和强令冒险作业权；紧急情况下的停止作业和紧急撤离权。

《中华人民共和国安全生产法》制定了生产经营单位负责人安全责任制度：生产经营单位的决策机构、主要负责人或者个人经营的投资人，对生产经营单位应当具备的安全生产条件所必需的资金投入予以保证，并对由于安全生产所必需的资金投入不足导致的后果承担责任。资金投入主要包括：安全技术措施、安全教育、劳动防护用品、保健、防暑降温等。

《中华人民共和国安全生产法》建立完善安全生产方针和工作机制：确立了"安全第一、预防为主、综合治理"的安全生产工作"十二字方针"，明确了安全生产的重要地位、主体任务和实现安全生产的根本途径。

"安全第一"要求从事生产经营活动必须把安全放在首位，不能以牺牲人的生命、健康为代价换取发展和效益。

"预防为主"要求把安全生产工作的重心放在预防上，强化隐患排查治理，打非治违，从源头上控制、预防和减少生产安全事故。

"综合治理"要求运用行政、经济、法治、科技等多种手段，充分发挥社会、职工、舆论监督各个方面的作用，抓好安全生产工作。

坚持"十二字方针"，总结实践经验，建立生产经营单位负责、职工参与、政府监管、行业自律、社会监督的机制，进一步明确各方安全生产职责。做好安全生产工作，落实生产经营单位主体责任是根本，职工参与是基础，政府监管是关键，行业自律是发展方向，社会监督是实现预防和减少生产安全事故目标的保障。

第二节　继电保护作业人员的基本要求

《国家安全监管总局关于做好特种作业（电工）整合工作有关事项的通知》（安监总人事〔2018〕18号）要求如下：

一、电气作业人员条件

规定本特种作业人员应当符合以下基本条件：

（1）年满 18 周岁，且不超过国家法定退休年龄。

（2）无妨碍从事相应特种作业的器质性心脏病、癫痫病、美尼尔氏症、眩晕症、癔症、震颤麻痹症、精神病、痴呆症以及其他疾病和生理缺陷。

（3）具有初中及以上文化程度。具备必要的安全技术知识与技能。

国家标准 GB 26860—2011《电力安全工作规程 发电厂和变电站电气部分》规定电气人员至少每两年进行一次体格检查，并应掌握触电急救等救护法。

二、培训要求

（1）按安监总人事〔2018〕18 号的规定对高压电工作业人员进行培训与复审培训。复审培训周期为每 3 年 1 次。特种作业人员在特种作业操作证有效期内，连续从事本工种 10 年以上，严格遵守有关安全生产法律法规的，经原考核发证机关或者从业所在地考核发证机关同意，特种作业操作证的复审培训时间可以延长至每 6 年 1 次。

（2）继电保护作业人员安全技术培训学时要求见表 1-1、表 1-2。

表 1-1　　　　　继电保护作业人员安全技术培训学时安排

项目		培训内容	学时
安全技术知识（74 学时）	安全基本知识（6 学时）	电气安全工作管理	2
		触电事故及现场救护	2
		电气防火	2
	安全技术基础知识（16 学时）	电工基础知识	4
		继电保护专业基础知识	8
		电气二次系统概述	4
	安全技术专业知识（48 学时）	线路保护	12
		变压器保护	8

续表

项目		培训内容	学时
安全技术知识 （74 学时）	安全技术专业知识 （48 学时）	高压电动机保护	8
		微机保护及变电站自动化	4
		自动装置	8
		电气二次回路	8
	复习		2
	考试		2
实际操作技能 （50 学时）	电气安全用具的检查使用		4
	继电保护自动装置测试		8
	分立元件继电保护及自动装置测试		8
	微机保护测试		16
	继电保护动作分析及常见故障处理		8
	触电急救和防火操作		2
	复习		2
	考试		2
合计			124

表 1-2　　　　　继电保护作业人员安全技术复审培训学时安排

项目	培训内容	学时
复审培训	典型事故案例分析； 相关法律、法规、标准、规范； 电气方面的新技术、新工艺、新材料	不少于 8 学时
	复习	
	考试	

第三节 电气作业安全管理

电气作业安全管理执行国家标准 GB 26860—2011《电力安全工作规程 发电厂和变电站电气部分》、GB 26861—2011《电力安全工作规程 高压试验室部分》、GB 26859—2011《电力安全工作规程 电力线路部分》。

企业应建立与安全生产有直接关系的安全操作规程、安全作业规程、电气安装规程、运行管理和维护检修制度等。

一、保证安全工作的组织措施

在电气设备上安全工作的管理组织措施包括：工作票制度、工作许可制度、工作监护制度、工作间断制度、转移和终结制度。在这五项制度中，工作票制度是基础、是核心，其余四项都是围绕工作票制度开展的，工作票样表格式见附录一、二。

1. 工作票制度

工作票是准许在电气设备工作的命令，也是保证安全工作的技术措施的依据。工作票有第一种工作票和第二种工作票。事故应急抢修可不用工作票，但应使用事故应急抢修单。事故应急抢修工作是指电气设备发生故障被迫紧急停止运行，需短时间内恢复的抢修和排除故障的工作。非连续进行的事故修复工作，应使用工作票。

（1）填写第一种工作票的工作：

高压设备上需要全部停电或部分停电的工作，二次系统和照明等回路上需要将高压设备停电或做安全措施的工作，高压电力电缆需停电的工作，其他需要将高压设备停电或要做安全措施的工作，需要填写第一种工作票。

凡在高压电气设备上进行检修、试验、清扫检查等工作时，需要停电或部分停电的工作需要填写第一种工作票。

在高压电气设备（包括线路）上工作时，需要全部停电或部分停电的工作应使用第一种工作票。

（2）填写第二种工作票的工作：

控制盘和低压配电盘、配电箱、电源干线上的工作，二次系统和照明等回路上无需将高压设备停电或做安全措施的工作，转动中的发电机、同期调相机的励磁回路或高压电动机转子电阻回路上的工作，非运行人员用绝缘棒、核相器和电压互感器定相或用钳型电流表测量高压回路电流的工作，应使用第二种工作票。

在二次接线回路上工作，无需将高压设备停电时应使用第二种工作票。

1）工作票的填写与签发：

工作票应使用黑色或蓝色的钢（水）笔或圆珠笔填写与签发，一式两份，内容应正确，填写应清楚，不得任意涂改。如有个别错、漏字需要修改，应使用规范的符号，字迹应清楚。

用计算机生成或打印的工作票应使用统一的票面格式，由工作票签发人审核无误，手工或电子签名后方可执行。

工作票一份应保存在工作地点，由工作负责人收执；另一份由工作许可人收执，按值移交。工作许可人应将工作票的编号、工作任务、许可及终结时间记入登记簿。

一张工作票中，工作票签发人、工作负责人和工作许可人三者不得互相兼任。工作票由工作负责人填写，也可以由工作票签发人填写。

2）工作票的使用：

①一个工作负责人不能同时执行多张工作票，工作票上所列的工作地点，以一个电气连接部分为限。

②在原工作票的停电及安全措施范围内增加工作任务时，应由工作负责人征得工作票签发人和工作许可人同意，并在工作票上增填工作项目。若需

变更或增设安全措施者应填用新的工作票，并重新履行签发许可手续。

③第一种工作票应在工作前一日送达运行人员，可直接送达或通过传真、局域网传送，但传真传送的工作票许可应待正式工作票到达后履行。第二种工作票和带电作业工作票可在进行工作的当天预先交给工作许可人。

3）工作票所列人员的基本条件：

工作票的签发人应是熟悉人员技术水平、熟悉设备情况、熟悉本规程，并具有相关工作经验的生产领导人、技术人员或经本单位分管生产领导批准的人员。工作票签发人员名单应书面公布。

工作负责人（监护人）应具有相关工作经验，熟悉设备情况和本规程，熟悉工作班成员的工作能力。

工作许可人应是有一定工作经验的运行人员或检修操作人员（进行该工作任务操作及做安全措施的人员），用户变、配电站的工作许可人应是持有效证书的高压电气作业人员。

4）工作票所列人员的安全责任：

工作票签发人：

①工作必要性和安全性。

②工作票上所填安全措施是否正确完备。

③所派工作负责人和工作班人员是否适当和充足。

工作负责人（监护人）：

①正确安全地组织工作。

②负责检查工作票所列安全措施是否正确完备，是否符合现场实际条件，必要时予以补充。

③工作前对工作班成员进行危险点告知，交代安全措施和技术措施，并确认每一个工作班成员都已知晓。

④严格执行工作票所列安全措施。

⑤督促、监护工作班成员遵守本规程，正确使用劳动防护用品和执行现场安全措施。

⑥工作班成员精神状态是否良好，变动是否合适。

工作许可人：

①负责审查工作票所列安全措施是否正确、完备，是否符合现场条件。

②工作现场布置的安全措施是否完善，必要时予以补充。

③负责检查检修设备有无突然来电的危险。

④对工作票所列内容即使发生很小疑问，也应向工作票签发人询问清楚，必要时应要求做详细补充。

专责监护人：

①明确被监护人员和监护范围。

②工作前对被监护人员交代安全措施，告知危险点和安全注意事项。

③监督被监护人员遵守本规程和现场安全措施，及时纠正不安全行为。

工作班成员：

①熟悉工作内容、工作流程，掌握安全措施，明确工作中的危险点，并履行确认手续。

②严格遵守安全规章制度、技术规程和劳动纪律，对自己在工作中的行为负责，互相关心工作安全，并监督本规程的执行和现场安全措施的实施。

③正确使用安全工器具和劳动防护用品。

2. 工作许可制度

工作许可人在完成施工现场的安全措施后，还应完成以下手续，工作班方可开始工作：

（1）会同工作负责人到现场再次检查所做的安全措施，对具体的设备指明实际的隔离措施，证明检修设备确无电压。

（2）为工作负责人指明带电设备的位置和注意事项。

（3）和工作负责人在工作票上分别确认、签名。

（4）运行人员不得变更有关检修设备的运行接线方式。工作负责人、工作许可人任何一方不得擅自变更安全措施，工作中如有特殊情况需要变更时，应先取得对方的同意并及时恢复。变更情况及时记录在值班日志内。

3. 工作监护制度

（1）工作许可手续完成后，工作负责人、专责监护人应向工作班成员交代工作内容、人员分工、带电部位和现场安全措施，进行危险点告知，并履行确认手续后，工作班方可开始工作。工作负责人、专责监护人应始终在工作现场，对工作班人员的安全认真监护，及时纠正不安全的行为。

（2）工作负责人在全部停电时，可以参加工作班工作。在部分停电时，只有在安全措施可靠、人员集中在一个工作地点、不致误碰有电部分的情况下，方能参加工作。

（3）专责监护人不得兼做其他工作。专责监护人临时离开时，应通知被监护人员停止工作或离开工作现场，待专责监护人回来后方可恢复工作。若专责监护人必须长时间离开工作现场时，应由工作负责人变更专责监护人，履行变更手续，并告知全体被监护人员。

（4）工作期间，工作负责人若因故暂时离开工作现场时，应指定能胜任的人员临时代替，离开前应将工作现场交代清楚，并告知工作班成员。原工作负责人返回工作现场时，也应履行同样的交接手续。

（5）若工作负责人必须长时间离开工作现场时，应由原工作票签发人变更工作负责人，履行变更手续，并告知全体工作员及工作许可人。原、现工作负责人应做好必要的交接。

4. 工作间断、转移和终结制度

（1）工作间断时，工作班人员应从工作现场撤出，所有安全措施保持不动，工作票仍由工作负责人执存，间断后继续工作，无需通过工作许可人。每日收工时，应清扫工作地点，开放已封闭的通道，并将工作票交回运行人员。次日复工时，应得到工作许可人的许可，取回工作票，工作负责人应重新认真检查安全措施是否符合工作票的要求，并召开现场站班会后，方可工作。若无工作负责人或专责监护人带领，作业人员不得进入工作地点。

（2）在未办理工作票终结手续以前，任何人员不准将停电设备合闸送电。在工作间断期间，若有紧急需要，运行人员可在工作票未交回的情况下合闸送电，但应先通知工作负责人，在得到工作班全体人员已经离开工作地点、可以送电的答复后方可执行，并应采取下列措施：

①拆除临时遮栏、接地线和标示牌，恢复常设遮栏，换挂"止步，高压危险！"的标示牌。

②应在所有道路派专人守候，以便告诉工作班人员"设备已经合闸送电，不得继续工作"。守候人员在工作票未交回以前，不得离开守候地点。

（3）检修工作结束以前，若需将设备试加工作电压，应按下列条件进行：

①全体电气作业人员撤离工作地点。

②将该系统的所有工作票收回，拆除临时遮栏、接地线和标示牌，恢复常设遮栏。

③应在工作负责人和运行人员进行全面检查无误后，由运行人员进行加压试验。

工作班若需继续工作，应重新履行工作许可手续。

（4）在同一电气连接部分用同一工作票依次在几个工作地点转移工作时，全部安全措施由运行人员在开工前一次做完，不需再办理转移手续。但工作负责人在转移工作地点时，应向电气作业人员交代带电范围、安全措施和注意事项。

（5）全部工作完毕后，工作班应清扫、整理现场。工作负责人应先周密地检查，待全体电气作业人员撤离工作地点后，再向运行人员交代所修项目、发现的问题、试验结果和存在问题等，并与运行人员共同检查设备状况、状态，有无遗留物件，是否清洁等。然后在工作票上填明工作结束时间，经双方签名后，表示工作终结。

待工作票上的临时遮栏已拆除，标示牌已取下，已恢复常设遮栏，未拆除的接地线、未拉开的接地开关（装置）等设备运行方式已汇报调度，工作票方告终结。

（6）只有在同一停电系统的所有工作票都已终结，并得到值班调度员或运行值班负责人的许可指令后，方可合闸送电。禁止约时停、送电。

停电检修作业后、送电前，原在变配电室内悬挂的临时接地线，应由值班人员拆除。

一切调度命令是以值班调度员发布命令为开始，至受令人执行完后报值班调度员后才算全部完成。

所有的电气作业人员（包括工作负责人）不允许单独留在高压室内，以免发生意外的触电或电弧灼伤事故。

（7）已终结的工作票、事故应急抢修单应保存1年。

二、保证安全工作的技术措施

在电气设备上工作时，保证安全的技术措施有停电、验电、接地、悬挂标示牌和装设遮栏（围栏）。

1. 停电

（1）断开发电厂、变电站、换流站、开闭所、配电站（所）（包括用户设备）等线路的断路器（开关）和隔离开关（刀闸）。

（2）断开线路上需要操作的各端（含分支）断路器（开关）、隔离开关（刀闸）和熔断器。高压检修工作的停电必须将工作范围的各方面进线电源断开，且各方面至少有一个明显的断开点。

（3）断开危及线路停电作业，且不能采取相应安全措施的交叉跨越、平行和同杆架设线路（包括用户线路）的断路器（开关）、隔离开关（刀闸）和熔断器。

（4）断开有可能返回低压电源的断路器（开关）、隔离开关（刀闸）和熔断器。

进行线路停电作业前，应做好下列安全措施：停电设备的各端应有明显的断开点，若无法观察到停电设备的断开点，应有能够反映设备运行状态的电气和机械等指示。

可直接在地面操作的断路器（开关）、隔离开关（刀闸）的操动机构上应加锁，不能直接在地面操作的断路器（开关）、隔离开关（刀闸）应悬挂标示牌，跌落式熔断器的熔管应摘下或悬挂标示牌。

2. 验电

（1）验电是保证电气作业安全的技术措施之一。在停电线路工作地段装接地线前，应先验电，验明线路确无电压。验电时，应使用相应电压等级、合格的接触式验电器。

（2）验电前应先在有电设备上进行试验，确认验电器良好。无法在有电设备上进行试验时，可用工频高压发生器等确证验电器良好。如果在木杆、木梯或木架上验电，不接地不能指示者，可在验电器绝缘杆尾部接上接地线，但应经运行值班负责人或工作负责人许可。

验电时，人体应与被验电设备保持规定的距离，并设专人监护。使用伸缩式验电器时，应保证绝缘的有效长度。

（3）对无法进行直接验电的设备、高压直流输电设备和雨雪天气时的户外设备，可以进行间接验电，即通过设备的机械指示位置、电气指示、带电显示装置指示、仪表及各种遥测、遥信等信号的变化来判断。判断时，应有两个及以上的指示，且所有指示均已同时发生对应变化，才能确认该设备已无电。若进行遥控操作，则应同时检查隔离开关（刀闸）的状态指示、遥测信号、遥信信号及带电显示装置的指示进行间接验电。

（4）对同杆塔架设的多层电力线路进行验电时，应先验低压、后验高压，先验下层、后验上层，先验近侧、后验远侧。禁止电气作业人员穿越未经验电、接地的 10kV 及以下线路对上层线路进行验电。

线路的验电应逐相（直流线路逐极）进行。检修联络用的断路器（开关）、隔离开关（刀闸）或其组合时，应在其两侧验电。

3. 装设接地线

（1）线路经验明确无电压后，应立即装设接地线并三相短路（直流线路两极接地线分别直接接地）。装、拆接地线应在监护下进行。各工作班工作地段各端和有可能送电到停电线路工作地段的分支线（包括用户）都要验电、装设工作接地线。直流接地极线路的作业点两端应装设工作接地线。配合停电的线路可以只在工作地点附近装设一处工作接地线。

（2）禁止电气作业人员擅自变更工作票中指定的接地线位置。如需变更，应由工作负责人征得工作票签发人同意，并在工作票上注明变更情况。

（3）同杆塔架设的多层电力线路挂接地线时，应先挂低压、后挂高压，先挂下层、后挂上层，先挂近侧、后挂远侧。拆除时次序相反。

（4）成套接地线应由有透明护套的多股软铜线组成，其截面积不得小于 $25mm^2$，同时应满足装设地点短路电流的要求。禁止使用其他导线作接地线或短路线。接地线应使用专用的线夹固定在导体上，禁止用缠绕的方法进行接地或短路。临时接地线应装在可能来电的方向（电源侧），对于部分停电的检修设备，要装在被检修设备的两侧。

（5）装设接地线时，应先接接地端，后接导线端，接地线应接触良好、连接可靠。拆接地线的顺序与此相反。装、拆接地线均应使用绝缘棒或专用的绝缘绳。人体不准碰触未接地的导线。

（6）利用铁塔接地或与杆塔接地装置电气上直接相连的横担接地时，允许每相分别接地，但杆塔接地电阻和接地通道应良好。杆塔与接地线连接部分应清除油漆，接触良好。

（7）对于无接地引下线的杆塔，可采用临时接地体。接地体的截面积不准小于 $190mm^2$（如 $\phi16$ 圆钢）。接地体在地面下深度不准小于 0.6m。对于土壤电阻率较高地区（如岩石、瓦砾、沙土等），应采取增加接地体根数、长度、截面积或埋地深度等措施改善接地电阻。

（8）在同塔架设多回线路杆塔的停电线路上装设的接地线，应采取措施防止接地线摆动。断开耐张杆塔引线或工作中需要拉开断路器（开关）、隔离开关（刀闸）时，应先在其两侧装设接地线。

（9）电缆及电容器接地前应逐相充分放电，星形接线电容器的中性点应接地，串联电容器及与整组电容器脱离的电容器应逐个多次放电，装在绝缘支架上的电容器外壳也应放电。

（10）接地线接地开关与检修设备之间不得联有断路器（开关）和熔断器。检修人员未看到工作地点悬挂接地线，工作许可人（值班员）也未以手触试停电设备时，检修人员应进行质问并有权拒绝工作。线路检修时，接地线一经拆除即认为线路已带电，任何人不得再登杆作业。

（11）使用个人保安线。

①工作地段如有邻近、平行、交叉跨越及同杆塔架设线路，为防止停电检修线路上感应电压伤人，在需要接触或接近导线工作时，应使用个人保安线。

②个人保安线应在杆塔上接触或接近导线的作业开始前挂接，作业结束脱离导线后拆除。装设时，应先接接地端，后接导线端，且接触良好，连接可靠。拆个人保安线的顺序与此相反。个人保安线由作业人员自行负责装、拆。

③个人保安线应使用有透明护套的多股软铜线，截面积不准小于 $16mm^2$，且应带有绝缘手柄或绝缘部件。禁止用个人保安线代替接地线。

④在杆塔或横担接地通道良好的条件下，个人保安线接地端允许接在杆塔或横担上。

4. 悬挂标示牌和装设遮栏（围栏）

（1）在一经合闸即可送电到工作地点的断路器（开关）、隔离开关（刀闸）及跌落式熔断器的操作处，均应悬挂"禁止合闸，线路有人工作！"或"禁止合闸，有人工作！"的标示牌。作业人员活动范围及其所携带的工具、材料等与带电体间的最小距离不准小于表1-3的最小安全距离。

表 1-3　　　　　高压线路、设备不停电时的最小安全距离

电压等级（kV）	安全距离（m）	电压等级（kV）	安全距离（m）
10 及以下	0.7	±50	1.5
20、35	1.0	±400	7.2
66、110	1.5	±500	6.8
220	3.0	±660	9.0
330	4.0	±800	10.1
500	5.0		
750	8.0		
1000	9.5		

注：表中未列电压应选用高一电压等级的安全距离，后表同。

（2）"禁止合闸，有人工作！"标示牌挂在已停电的断路器和隔离开关的操作把手上，防止运行人员误合断路器和隔离开关。

（3）在邻近可能误登的其他铁构架上应悬挂"禁止攀登，高压危险"的标示牌。

（4）在44kV以下的设备部分停电工作时，作业人员距电气设备的距离若小于表1-3的安全距离，但大于表1-4的安全距离，则允许在加设安全遮栏的情况下，实行不停电检修。未停电设备应增设临时围栏，临时围栏应装设牢固，并悬挂"止步，高压危险！"的标示牌。

表1-4　　电气作业人员工作中正常活动范围与带电设备的安全距离

电压等级（kV）	安全距离（m）
10 及以下	0.35
20、35	0.60

35kV及以下设备的临时围栏，如因工作特殊需要，可用绝缘隔板与带电部分直接接触。绝缘隔板的绝缘性能应符合规定的要求。

三、二次系统上工作的安全措施

1. 一般要求

电气作业人员在现场工作过程中，凡遇到异常情况（如直流系统接地等）或断路器（开关）跳闸时，不论与本工作是否有关，都应立即停止工作，保持现状，待查明原因，确认与本工作无关时，方可继续工作。若异常情况或断路器（开关）跳闸是本工作所引起，应保留现场并立即通知运维人员。二次系统上工作使用二次安全措施票（格式见附录三）。

继电保护装置、配电自动化装置、安全自动装置和仪表、自动化监控系统的二次回路变动时，应及时更改图纸，并按经审批后的图纸进行，工作前应隔离无用的接线，防止误拆或产生寄生回路。二次设备箱体应可靠接地且接地电阻应满足要求。

2. 电流互感器和电压互感器工作

电流互感器和电压互感器的二次绕组应有一点且仅有一点永久性的、可靠的保护接地。工作中，禁止将回路的永久接地点断开。

在带电的电流互感器二次回路上工作时，应采取措施防止电流互感器二次侧开路。短路电流互感器二次绕组，应使用短路片或短路线，禁止用导线缠绕。

在带电的电压互感器二次回路上工作时，应采取措施防止电压互感器二次侧短路或接地。接临时负载，应装设专用的隔离开关（刀闸）和熔断器。

在进行二次回路通电或耐压试验前，应通知运维人员和其他有关人员，并派专人到现场看守，检查二次回路及一次设备上确无人工作后，方可加压。

在进行电压互感器的二次回路通电试验时，应将二次回路断开，并取下电压互感器高压熔断器或拉开电压互感器一次隔离开关，防止由二次侧向一次侧反送电。

3. 现场检修

现场工作开始前，应检查确认已做的安全措施符合要求、运行设备和检修设备之间的隔离措施正确完成。工作时，应仔细核对检修设备名称，严防走错位置。

在全部或部分带电的运行屏（柜）上工作时，应将检修设备与运行设备以明显的标志隔开。

作业人员在接触运行中的二次设备箱体前，应用低压验电器或测电笔确认其确无电压。

工作中，需临时停用有关保护装置、配电自动化装置、安全自动装置或自动化监控系统，应向调度控制中心申请，经值班调控人员或运维人员同意，方可执行。

在继电保护、配电自动化装置、安全自动装置和仪表及自动化监控系统屏间的通道上安放试验设备时，不能阻塞通道，要与运行设备保持一定距离，防止事故处理时通道不畅。搬运试验设备时，应防止误碰运行设备，造成相关运行设备继电保护误动作。清扫运行中的二次设备和二次回路时，应使用绝缘工具，并采取措施防止振动、误碰。

4. 整组试验

继电保护、配电自动化装置、安全自动装置及自动化监控系统做传动试验或一次通电或进行直流系统功能试验前，应通知运维人员和有关人员，并指派专人到现场监视后，方可进行。

检验继电保护、配电自动化装置、安全自动装置和仪表、自动化监控系统和仪表的电气作业人员，不得操作运行中的设备、信号系统、保护压板。在取得运维人员许可并在检修工作盘两侧开关把手上采取防误操作措施后，方可断、合检修断路器（开关）。

参考题

一、单项选择题

1. 作为电气工作者，员工必须熟知本工种的（　　）和施工现场的安全生产制度，不违章作业。

　　A. 生产安排　　　　　　B. 安全操作规程　　　C. 工作时间

2. 电气安全管理人员应具备必要的（　　）知识，并根据实际情况制定安全措施，有计划地组织安全生产管理。

　　A. 组织管理　　　　　　B. 电气安全　　　　　　C. 电气基础

3. 电工作业人员，应认真贯彻执行（　　）的方针，掌握电气安全技术，熟悉电气安全的各项措施，预防事故的发生。

　　A. 安全第一、预防为主、综合治理　　　　　　B. 安全重于泰山

　　C. 科学技术是第一生产力

4.防止人身电击，最根本的是对电气工作人员或用电人员进行（　　），严格执行有关安全用电和安全工作规程，防患于未然。

A.安全教育和管理　　　　B.技术考核　　　　　C.学历考核

二、判断题

1.作为一名电气工作人员，发现任何人员有违反《电业安全工作规程》，应立即制止。（　　）

2.根据国家规定的要求从事电气作业的电工，必须接受国家规定的机构进行培训，经培训考试合格后方可持证上岗。（　　）

3.在电气施工中，必须遵守国家规定的安全规章制度，安装电气线路时应根据实际情况，以方便使用者的原则安装。（　　）

4.合理的规章制度是保证安全生产的有效措施，工矿企业等有条件的单位应建立适合自己情况的安全生产规章制度。（　　）

5.为了保证电气作业的安全性，新入厂的工作人员只有接受工厂、车间等部门的两级安全教育，才能从事电气作业。（　　）

6.电工作业人员应根据实际情况，遵守有关安全法规、规程或制度。（　　）

7.凡在高压电气设备上进行检修、试验、清扫检查等工作时，需要停电或部分停电时，应填写第一种工作票。（　　）

8.在二次接线回路上工作时，无需将高压设备停电时，应使用第一种工作票。（　　）

9.高压验电器验电时，应戴绝缘手套，并使用被测设备相应电压等级的验电器。（　　）

电工基础知识

　　本章主要介绍电路、电磁、交流回路等电工理论基本知识，这些知识是学习电力专业课程所必备的基础知识。

第一节　电路基础知识

一、电位、电压及电源

1. 电位

电位是衡量电荷在电路中某点所具有能量的物理量，当一个物体带有电荷时，该物体就具有一定的电位能，我们把这种电位能叫作电位。电位是相对的，电路中某点电位的大小，与参考点（即零电位点）的选择有关，电路中任一点的电位，就是该点与零电位点之间的电位差。比零电位点高的电位为正，比零电位点低的电位为负。电位的单位是伏特，简称伏，用字母 V 表示。

2. 电压（电位差）

电压又称电位差，是衡量电场力做功本领的物理量，是电路中任意两点间电位的差值。A、B 两点间的电压以 U_{AB} 表示，$U_{AB} = U_A - U_B$。

电位差是产生电流的原因，如果没有电位差，就不会有电流。电压的单位也是伏特，简称伏，用字母 V 表示。

3. 电源

电源是将其他形式能转换成电能的装置。电动势就是衡量电源能量转换本领的物理量，用字母 E 表示。电动势的单位也是伏特，简称伏，用字母 V 表示。

电源的电动势只存在于电源内部，电动势的方向从负极指向正极。电动势的大小等于外力克服电场力把单位正电荷在电源内部从负极移到正极所做的功。

二、电流与电流密度

1. 电流

电流就是电荷有规律的定向移动。人们规定正电荷定向移动的方向为电流的方向。

衡量电流大小和强弱的物理量称为电流强度，用 I 表示。电流强度 I 的单位是安培，简称安，用字母 A 表示。若在 t 时间内通过导体横截面的电量是 Q（单位为库仑，简称库，用字母 C 表示），则电流强度 I 就可以用式（2-1）表示：

$$I = \frac{Q}{t} \qquad (2-1)$$

若在 1s 内通过导体横截面的电量为 1C，则电流强度为 1A。

2. 电流密度

导体单位截面积流过的电流叫电流密度，用字母 J 表示，即

$$J = \frac{I}{S} \qquad (2-2)$$

式（2-2）中，当电流强度 I 用 A 作单位、导体横截面积 S 用 mm^2 作单位时，电流密度的单位是 A/mm^2。

三、电阻与电导

1. 电阻

电阻是反映导体对电流阻碍作用大小的物理量。电阻用字母 R 表示，单位是欧姆，简称欧，用字母 Ω 表示。电阻的表达式为

$$R = \rho \frac{L}{S} \qquad (2-3)$$

式中　ρ——电阻率，$\Omega \cdot m$；

　　　L——导体的长度，m；

　　　S——导体的截面积，m^2。

导体电阻的大小与导体的长度成正比，与导体的截面积成反比，同时也与导体材料的性质、环境温度等很多因素有关。

2. 电导

电阻的倒数称为电导，导体的电阻越小，电导就越大，该导体的导电性

能就越好。电导用符号 G 表示，单位是 1/ 欧姆（1/Ω），称西门子，简称西，用字母 S 表示。电导的表达式为

$$G = \frac{1}{R} \qquad\qquad (2\text{-}4)$$

四、欧姆定律

欧姆定律是反映电路中电压、电流、电阻三者之间关系的定律。

1. 部分电路欧姆定律

图 2-1 是不含电源的部分电路。

图 2-1　部分电路

当在电阻 R 两端加上电压 U 时，电阻 R 中就有电流 I 流过。如果加在电阻 R 两端的电压 U 发生变化时，流过电阻的电流 I 也随之变化，而且成正比例变化，写成公式为

$$I = \frac{U}{R} \text{ 或 } U = IR \text{ 或 } R = \frac{U}{I} \qquad\qquad (2\text{-}5)$$

式中　U——电压，V；

R——电阻，Ω；

I——电流，A。

式（2-5）说明：流过导体的电流强度与这段导体两端的电压成正比，与这段导体的电阻成反比。这一定律，称为部分电路欧姆定律。

2. 全电路欧姆定律

图 2-2 是指含有电源的闭合电路的全电路。图中的虚线框内代表一个电源。R_0 是电源内部的电阻值，称为内电阻。

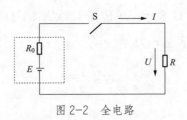

图 2-2　全电路

在图 2-2 中，当开关 S 闭合时，负载 R 上就有电流流过，这是因为负载两端有了电压 U，电压 U 是由电动势 E 产生的，它既是负载电阻两端的电压，又是电源的端电压。电流在闭合回路中流过时，电源内电阻上会产生压降，因此，这时全电路中的电流可用式（2-6）计算：

$$I = \frac{E}{R_0 + R} \qquad (2-6)$$

式中　E ——电源的电动势，V；

　　　R ——外电路的电阻，Ω；

　　　R_0 ——电源内电阻，Ω；

　　　I ——电路中电流，A。

五、电能与电功率

电流通过用电器时，用电器将电能转换成其他形式的能，如热能、光能和机械能等。电能转换成其他形式的能叫作电流做功，简称电功，用字母 W 表示。电流通过用电器所做的功与用电器的端电压、流过的电流、所用的时间和电阻有以下的关系：

$$W = UIt \text{ 或 } W = I^2Rt \text{ 或 } W = \frac{U^2}{R}t \qquad (2-7)$$

如果式（2-7）中，电压单位为伏（V），电流单位为安（A），电阻单位为欧（Ω），时间单位为秒（s），则电功单位就是焦耳，简称焦，用字母 J 表示。

电功率表示单位时间电能的变化，简称功率，用字母 P 表示。其数学表

达式为

$$P = \frac{W}{t} \qquad\qquad (2\text{-}8)$$

将式（2-7）代入式（2-8）后得到：

$$P = \frac{U^2}{R} \ 或\ P = UI \ 或\ P = I^2R \qquad (2\text{-}9)$$

电功率 P 的单位是焦耳/秒（J/s），又叫瓦特，简称瓦，用字母 W 表示。

六、电路与电路连接

1. 电路

电路是由电气设备和电器元件按一定方式组成的，是电流的流通路径，又称回路。根据电路中电流的性质不同，可分为直流电路和交流电路。电流的大小和方向不随时间变化的电路，称为直流电路；电流的大小和方向随时间变化的电路，称为交流电路。

电路包含电源、负载和中间环节三个基本组成部分。给电路提供能源的装置称为电源；使用电能的设备或元器件称为负载，也叫负荷；连接电源和负载的部分称为中间环节。

电路通常有三种状态：通路、断路、短路。下面以图 2-3 所示电路来说明。

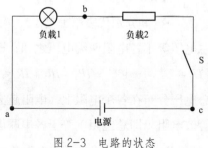

图 2-3　电路的状态

（1）通路：开关 S 闭合，电路构成闭合回路，回路中产生电流。

（2）开路：开关 S 断开或电路中某处断开，电路被切断，这时电路中没有电流流过，又称断路。

（3）短路：若 a、b 两点用导线直接接通，则称为负载 1 被短路；若 a、c 两点用导线直接接通，则称为负载全部被短路，或称为电源被短路。电路发生短路时，电源提供的电流，即电路中的电流将比通路时大很多倍，会损坏电源、烧毁导线，甚至造成火灾等严重事故。

2. 电阻串联电路

在一段电路上，将几个电阻的首尾依次相连所构成的一个没有分支的电路，叫作电阻的串联电路，如图 2-4 所示。

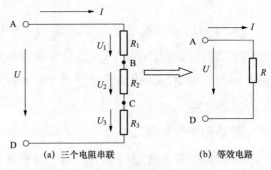

(a) 三个电阻串联　　　　　(b) 等效电路

图 2-4　电阻串联电路

电阻串联电路具有以下一些特点：

（1）串联电路中流过每个电阻的电流相等，是同一个电流，即

$$I = I_1 = I_2 = I_3 = \cdots = I_n \qquad (2\text{-}10)$$

式中的脚标 1、2、3、…、n 分别代表第 1、第 2、第 3、…、第 n 个电阻。

（2）电路两端的总电压等于各电阻两端电压之和，即

$$U = U_1 + U_2 + U_3 + \cdots + U_n = IR_1 + IR_2 + IR_3 + \cdots + IR_n \qquad (2\text{-}11)$$

从上式可看出：总电压分布在各个电阻上，电阻越大的分到的电压越大。

（3）串联电路的等效电阻（即总电阻）等于各串联电阻之和，即

$$R = R_1 + R_2 + R_3 + \cdots + R_n \qquad (2\text{-}12)$$

（4）在电阻串联的电路中，电路的总功率等于各串联电阻的功率之和。

3. 电阻并联电路

将两个或两个以上的电阻两端分别接在电路中相同的两个节点之间，这种连接方式叫作电阻的并联电路，如图 2-5 所示。

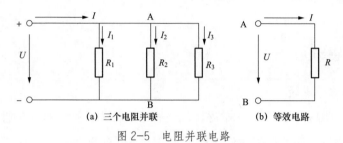

(a) 三个电阻并联　　　　　(b) 等效电路

图 2-5　电阻并联电路

电阻并联电路具有以下一些特点：

（1）并联电路中各电阻两端的电压相等，且等于电路两端的电压，即

$$U = U_1 = U_3 = \cdots = U_n \tag{2-13}$$

（2）并联电路中的总电流等于各电阻中电流之和，即

$$I = I_1 + I_2 + I_3 + \cdots + I_n = \frac{U}{R_1} + \frac{U}{R_2} + \frac{U}{R_3} + \cdots + \frac{U}{R_n} \tag{2-14}$$

从上式可看到，支路电阻大的分支电流小，支路电阻小的分支电流大。

（3）并联电路的等效电阻（即总电阻）的倒数，等于各并联电阻倒数之和，即

$$\frac{1}{R} = \frac{1}{R_1} + \frac{1}{R_2} + \frac{1}{R_3} + \cdots + \frac{1}{R_n} \tag{2-15}$$

两个电阻 R_1、R_2 并联，其等效电阻 R 可直接按式（2-16）计算：

$$R = \frac{R_1 R_2}{R_1 + R_2} \tag{2-16}$$

（4）在电阻并联的电路中，电路的总功率等于各分支电路的功率之和。

4. 电阻混联电路

在一个电路中既有电阻的串联，又有电阻的并联，这种连接方式称为混合连接，简称混联。

第二节　电磁感应和磁路

一、磁场

1. 磁体与磁极

物体能够吸引铁、钴、镍及其合金的性质称为磁性，具有磁性的物体称为磁体。磁体上磁性最强的位置称为磁极，磁体有两个磁极，即南极和北极，通常用字母 S 表示南极（常涂红色），用字母 N 表示北极（常涂绿色或白色）。任何一个磁体的磁极总是成对出现的。若把一个条形磁铁分割成若干段，则每段都会同时出现南极、北极，这叫作磁极的不可分割性。

磁极与磁极之间存在的相互作用力称为磁力。同性磁极相排斥，异性磁极相吸引。

2. 磁场与磁力线

磁体周围存在磁力作用的空间称为磁场，磁场的磁力用磁力线来表示。如果把一些小磁针放在一根条形磁铁附近，就会发现在磁力作用下，小磁针排列成图 2-6（a）的形状，如果连接小磁针在各点上 N 极的指向，就构成一条由 N 极到 S 极的光滑曲线，此曲线称为磁力线。

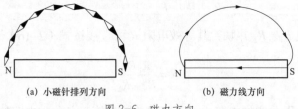

(a) 小磁针排列方向　　　　　　(b) 磁力线方向

图 2-6　磁力方向

规定在磁体外部，从 N 极出发进入 S 极的方向为磁力线的方向。在磁体内部，磁力线的方向是由 S 极到达 N 极。这样磁体内外形成一条闭合曲线，如图 2-6（b）所示。

磁力线上任何一点的切线方向就是该点的磁场方向。磁力线是人们假想出来的线，可以用实验方法显示出来。在条形磁铁上放一块玻璃或纸板，在玻璃或纸板上撒上铁屑并轻敲，铁屑便会有规则地排列成图 2-7 所示的线条。

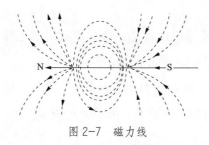

图 2-7　磁力线

从图 2-7 可以看出，磁极附近磁力线最密，表示这儿磁场最强；在磁体中间，磁力线较稀，表示磁场较弱。因此我们可以用磁力线的多少和疏密程度来描绘磁场的强弱。

二、磁场强度

1. 磁通

在磁场中，把通过与磁场方向垂直的某一面积的磁力线总数，称为通过该面积的磁通。用字母 Φ 表示。磁通的单位是韦伯（Wb），简称韦。工程上常用比韦小的单位，叫麦克斯（Mx），简称麦，$1Wb = 10^8Mx$。

2. 磁感应强度

磁感应强度是用来表示磁场中各点磁场强弱和方向的物理量，用字母 B 表示。它既有大小，又有方向。磁场中某点磁感应强度 B 的方向就是该点磁力线的切线方向。

如果磁场中各处的磁感应强度 B 相同，则这样的磁场称为均匀磁场。在均匀磁场中，磁感应强度可用式（2-17）表示：

$$B = \frac{\Phi}{S}$$

（2-17）

在均匀磁场中，磁感应强度 B 等于单位面积的磁通量。通过单位面积的磁通越多，磁场越强，所以磁感应强度有时又称磁通密度。磁感应强度的单位是特斯拉，简称特，用字母 T 表示。在工程上，常用较小的磁感应强度单位高斯（Gs），$1T = 10^4 Gs$。

3. 磁导率

为了衡量各种物质导磁的性能，通常用磁导率（导磁系数）μ 用来表示该材料的导磁性能。磁导率 μ 的单位是亨 / 米（H/m）。

真空的磁导率 $\mu_0 = 4\pi \times 10^{-7} H/m$，$\mu_0$ 是一个常数，用其他材料的磁导率和它相比较，其比值称为相对磁导率，用字母 μ_r 表示，即

$$\mu_r = \frac{\mu}{\mu_0} \tag{2-18}$$

4. 磁场强度

磁场强度是一个矢量，常用字母 H 表示，其大小等于磁场中某点的磁感应强度 B 与媒介质磁导率 μ 的比值，即

$$H = \frac{B}{\mu} \tag{2-19}$$

磁场强度的单位是安 / 米（A/m），较大的单位是奥斯特，简称奥（Oe），$1 Oe = 80 A/m$。在均匀媒介质中，磁场强度 H 的方向和所在点的磁感应强度 B 的方向相同。

三、磁场对通电导体的作用

1. 直线电流的磁场

一根直导线通过电流后，其周围将产生磁场，流过导体的电流越大，周围产生的磁场越强，反之越弱。磁场的方向可用右手螺旋定则确定。

如图 2-8 所示，用右手握直导体，大拇指的方向表示电流方向，弯曲四指的指向为磁场方向。

图 2-8 直线电流磁场方向判别

2. 磁场对通电导体的作用

通电导体在磁场中所受到的力称为电磁作用力，简称电磁力，用字母 F 表示。电磁力既有大小，又有方向。磁场越强，导体所受的力就越大；磁场越弱，所受的力就越小。导体通过的电流大，它所受的力就大；通过的电流小，所受的力就小。在均匀磁场中，通电直导体受力大小可按式（2-20）计算：

$$F = BIL\sin\alpha \tag{2-20}$$

式中 　B——均匀磁场的磁感应强度，Wb/m^2；

　　　I——导体中的电流强度，A；

　　　L——导体在磁场中的有效长度，m；

　　　α——导体与磁力线的夹角；

　　　F——导体受到的磁力，N。

当导体与磁力线平行时，即 $\alpha = 0°$ 时，$\sin\alpha = 0$，此时导体受到的磁力为 0，即 $F = 0$。当导体与磁力线垂直时，即 $\alpha = 90°$ 时，$\sin\alpha = 1$，此时导体受到的磁力最大，为 $F_m = BIL$。

通电直导体在磁场中的受力方向可用左手定则判断。如图 2-9 所示，将左手伸平，大拇指与四指垂直，让磁力线穿过手心，四指指向电流方向，则大拇指所指方向就是导体受力方向。

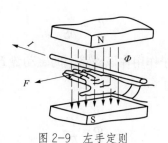

图 2-9 左手定则

四、磁路

磁路是磁通 Φ 的闭合路径。如图 2-10 所示为几种电气设备的磁路。其中图 2-10（a）中变压器的磁路是双回路方形磁路；图 2-10（b）中电磁铁的磁路是单回路磁路，回路中有一小段空气隙；而图 2-10（c）中是磁电式仪表的磁路，回路中有两小段空气隙。

线圈绕在由铁磁材料制成的铁芯上，线圈通以电流，便产生磁通，故此线圈称为励磁线圈。线圈中的电流称为励磁电流。

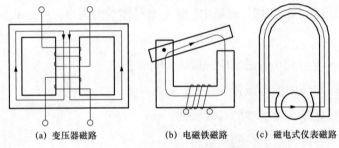

(a) 变压器磁路　　　(b) 电磁铁磁路　　　(c) 磁电式仪表磁路

图 2-10　几种电气设备的磁路

励磁线圈通过励磁电流会产生磁通，线圈匝数越多，励磁电流越大，产生的磁通也就越多。励磁电流 I 和线圈匝数 N 的乘积称为磁动势，单位是安（A），用 F 表示，即

$$F = NI \qquad (2-21)$$

磁阻 R_m 表示磁介质对磁通阻碍作用的大小。磁介质的磁导率 μ 越大，横截面积 S 越大，对磁通的阻碍作用越小；而磁路 L 越长，对磁通的阻碍作用越大。

$$R_m = \frac{L}{\mu S} \qquad (2-22)$$

磁路中的磁通 Φ 等于作用在该磁路上的磁动势 F 除以磁路的磁阻 R_m，这就是磁路的欧姆定律，即

$$\Phi = \frac{F}{R_m} \qquad (2-23)$$

磁通量总是形成一个闭合回路，其路径与周围物质的磁阻有关，总是集中于磁阻最小的路径。空气和真空的磁阻较大，而容易磁化的物质（如软铁）则磁阻较低。

五、电磁感应

当导体相对于磁场运动而切割磁力线或者线圈中磁通发生变化时，导体或线圈中会产生感应电动势。若导体或线圈构成闭合回路，则导体或线圈中就有电流产生，这种现象称为电磁感应。由电磁感应产生的电动势称为感应电动势。由感应电动势引起的电流称为感应电流。

对于在磁场中切割磁力线的直导体来说，感应电动势 e 可用式（2-24）计算：

$$e = Bvl\sin\alpha \tag{2-24}$$

式中　B——磁感应强度，Wb/m^2；

　　　v——导体切割磁力线速度，m/s；

　　　l——导体在磁场中的有效长度，m；

　　　α——导体运动方向与磁力线的夹角。

导体上感应电动势的方向可用右手定则决定，如图 2-11 所示。将右手的掌心迎着磁力线，大拇指指向导线运动速度 v 的方向，四指的方向即感应电动势 e 的方向。

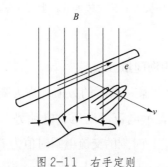

图 2-11　右手定则

第三节 交流电路

一、交流电的基本概念

交流电是指大小和方向随时间变化而变化的电流或电压（电动势）。通常将交流电分为正弦交流电和非正弦交流电两大类，正弦交流电的交流量随时间按正弦规律变化。

人们经常用图形表示电流或电压（电动势）随时间变化的规律，这种图形称为波形图，如图 2-12 所示。

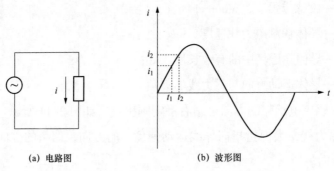

(a) 电路图   (b) 波形图

图 2-12　正弦交流电的产生及其波形

1. 描述交流电大小的物理量

（1）瞬时值。交流电在某一瞬时的数值，称为瞬时值。常用英文的小写字母表示，i、u、e 分别表示电流、电压、电动势。例如，在图 2-12 中，t_1 时刻的交流电瞬时值为 i_1，t_2 时刻的交流电瞬时值为 i_2 等。

（2）最大值。交流电的最大瞬时值，称为交流电的最大值。常用英文的大写字母加下标 "m" 表示，E_m、U_m、I_m 分别表示电动势、电压、电流的最大值。

（3）有效值。交流电的有效值是从热效应的角度来描述交流电大小的物理量。它的定义是：将直流电与交流电分别通过同一等值电阻，如果在相等时间内，二者在电阻上产生的热量相等，则此直流电的数值被称为交流电的有效值。交流电的有效值常用英文的大写字母表示，U、I、E 分别表示电压、电流、电动势的有效值。

交流电的有效值与最大值的数量关系为

$$U = \frac{1}{\sqrt{2}} U_m \tag{2-25}$$

$$I = \frac{1}{\sqrt{2}} I_m \tag{2-26}$$

$$E = \frac{1}{\sqrt{2}} E_m \tag{2-27}$$

2. 描述交流电变化快慢的物理量

描述交流电变化快慢的物理量：周期、频率、角频率。

（1）周期。交流电变化一次所需要的时间称为交流电的周期。周期常用符号 T 表示，单位是秒（s），较小的单位有毫秒（ms）和微秒（μs）。它们之间的关系为：$1s = 10^3 ms = 10^6 μs$。

（2）频率。交流电的频率是指 1s 内交流电重复变化的次数，用字母 f 表示，单位是赫兹（Hz），简称赫。如果某交流电在 1s 内变化了 50 次，则该交流电的频率就是 50Hz。

频率和周期一样，是反映交流电变化快慢的物理量。它们之间的关系为

$$T = \frac{1}{f} \text{ 或 } f = \frac{1}{T} \tag{2-28}$$

（3）角频率。角频率就是交流电每秒变化的角度，常用 ω 来表示。这里的角度常用对应的弧度表示（2π rad = 360°），因此角频率的单位是 rad/s（弧度 / 秒）。

周期、频率和角频率的关系是

$$\omega = \frac{2\pi}{T} = 2\pi f \text{ 或 } f = \frac{\omega}{2\pi}$$

（2-29）

式中　ω——交流电的角频率，rad/s；

　　　f——交流电的频率，Hz；

　　　T——交流电的周期，s。

3. 正弦交流电的初相角、相位、相位差

如图 2-13 所示，两个相同的线圈固定在同一个旋转轴上，它们相互垂直，以角速度逆时针旋转。

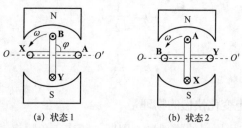

(a) 状态1　　　　　(b) 状态2

图 2-13　两个线圈中电动势变化情况

在 AX 和 BY 线圈中产生的感应电动势分别为 e_1 和 e_2：

$$e_1 = E_m \sin(\omega t + \varphi_1)$$

（2-30）

$$e_2 = E_m \sin(\omega t + \varphi_2)$$

（2-31）

式中，$\omega t + \varphi_1$ 和 $\omega t + \varphi_2$ 是表示交流电变化进程的一个角度，称为交流电的相位或相角，它决定了交流电在某一瞬时所处的状态。

$t = 0$ 时的相位叫初相位或初相。它是交流电在计时起始时刻的电角度，反映了交流电的初始值，上述公式中 φ_1 和 φ_2 即为初相。两个频率相同的交流电的相位之差叫相位差，相位差就是两个电动势的初相差。

交流电的频率、最大值、初相确定后，就可以准确确定交流电随时间变化的情况。因此，频率、最大值和初相称为交流电的三要素。

4. 正弦交流电的表示法

正弦交流电的表示方法主要有三角函数式法和正弦曲线法两种。它们能

真实地反映正弦交流电的瞬时值随时间的变化规律，同时也能完整地反映出交流电的三要素。

（1）三角函数式法。

正弦交流电（简称交流电）的电动势、电压、电流，在任意瞬间的数值叫交流电的瞬时值，用小写字母 e、u、i 表示。瞬时值中最大的值称为最大值，用 E_m、U_m、I_m 分别表示电动势、电压、电流的最大值。

正弦交流电的电动势、电压、电流的三角函数式为

$$e = E_m \sin(\omega t + \varphi_e) \tag{2-32}$$

$$u = U_m \sin(\omega t + \varphi_u) \tag{2-33}$$

$$i = I_m \sin(\omega t + \varphi_i) \tag{2-34}$$

若知道了交流电的频率、最大值和初相，就能写出三角函数式，用它可以求出任一时刻的瞬时值。

（2）正弦曲线法 – 波形法。

正弦曲线法就是利用三角函数式相对应的正弦曲线，来表示正弦交流电的方法。

在图 2-14 中，横坐标表示时间 t 或者角度 ωt，纵坐标表示随时间变化的电动势瞬时值。图中正弦曲线反映出正弦交流电的初相 $\varphi = 0°$、e 的最大值 E_m、周期 T 以及任一时刻的电动势瞬时值，这种图也叫作波形图。

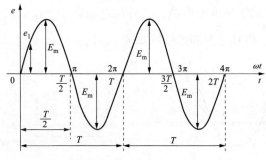

图 2-14　正弦曲线表示法

二、单相交流电路

在交流电路中，电路的参数除了电阻 R 以外，还有电感 L 和电容 C。它们不仅会对电流有影响，而且还会影响电压与电流的相位关系。

1. 纯电阻电路

纯电阻电路是只有电阻而没有电感和电容的交流电路，如白炽灯、电烙铁、电阻炉组成的交流电路都可以近似看成是纯电阻电路。在这种电路中对电流起阻碍作用的主要是负载电阻。

（1）纯电阻电路中电压与电流的关系。

纯电阻电路和直流电路基本相似，如图 2-15 所示。

当在电阻 R 的两端施加交流电压 $u = U_m\sin\omega t$ 时，电阻 R 中将通过电流 $i = I_m\sin\omega t$，电压 u 与电流 i 的关系满足欧姆定律。如果用电流和电压的有效值表示，则有 $I = U/R$。

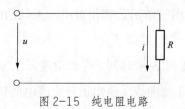

图 2-15　纯电阻电路

纯电阻电路中，电压和电流的波形图如图 2-16（a）所示，相量图如图 2-16（b）所示。对于纯电阻电路，当外加电压是一个正弦量时，其电流也是同频率的正弦量，而且电流和电压同相位。

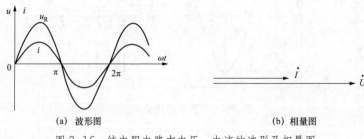

(a) 波形图　　　　　　　　　　(b) 相量图

图 2-16　纯电阻电路中电压、电流的波形及相量图

（2）纯电阻电路的功率。

在纯电阻电路中，电压的瞬时值与电流的瞬时值的乘积叫瞬时功率。由于瞬时功率随时间不断变化，不易测量和计算，所以通常用瞬时功率在一个周期内的平均值 P 来衡量交流电功率的大小，这个平均值 P 称为有功功率，有功功率的单位是瓦（W）或千瓦（kW），可按式（2-35）计算：

$$P = UI \qquad\qquad (2-35)$$

式中　U——交流电压的有效值；

　　　I——交流电流的有效值。

2. 纯电感电路

纯电感电路是电路中只有电感。图 2-17（a）是由一个线圈构成的纯电感交流电路。

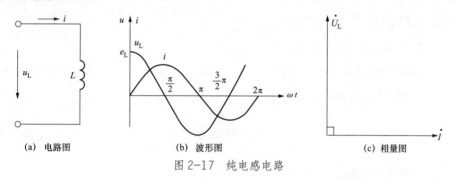

(a) 电路图　　　　　(b) 波形图　　　　　(c) 相量图

图 2-17　纯电感电路

（1）纯电感电路中电流与电压的关系。

在纯电感电路中，电流与电压的相位关系是：电流滞后电压 $90°\left(\dfrac{\pi}{2}\text{rad}\right)$ 或电压超前电流 $90°\left(\dfrac{\pi}{2}\text{rad}\right)$。其波形图如图 2-17（b）所示，相量图如图 2-17（c）所示。

在电感电路中，电感 L 呈现出来的影响电流大小的物理量称为感抗，用 X_L 表示，单位为欧姆（Ω），可按式（2-36）计算：

$$X_L = \omega L = 2\pi f L \qquad\qquad (2-36)$$

式中　ω——加在线圈两端交流电压的角频率，rad/s；

　　　f——加在线圈两端交流电压的频率，Hz；

　　　L——线圈的电感量，H。

在纯电感交流电路中，电流的有效值 I_L 等于电源电压的有效值 U 除以感抗 X_L，即

$$I_L = \frac{U}{X_L} \qquad (2-37)$$

式中　U——电源电压的有效值，V；

　　　X_L——感抗，Ω；

　　　I_L——电感电流，A。

感抗 X_L 是用来表示电感线圈对交流电阻碍作用的物理量。感抗的大小，取决于通过线圈电流的频率和线圈的电感量。对于具有某一电感量的线圈而言，频率越高，感抗越大，通过的电流越小；反之，感抗越小，通过的电流越大。在直流电路中，由于频率为零，线圈的感抗也为零，线圈的电阻很小，因此可以把线圈看成是短路的。

（2）纯电感电路的功率。

纯电感电路的瞬时功率的最大值，称为无功功率，用 Q_L 表示，单位为乏（var），可按式（2-38）计算：

$$Q_L = I^2 X_L = \frac{U^2}{X_L} \qquad (2-38)$$

3. 纯电容电路

纯电容电路中只有电容。如图 2-18（a）所示。

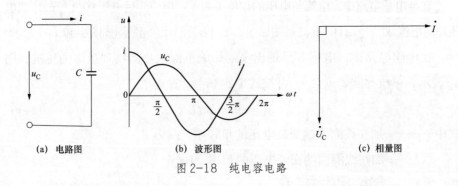

　(a) 电路图　　　　　　(b) 波形图　　　　　　　(c) 相量图

图 2-18　纯电容电路

（1）纯电容电路中电流与电压的关系。

在纯电容电路中，电流与电压的相位关系是：电流超前电压 90° $\left(\dfrac{\pi}{2}\text{rad}\right)$ 或电压滞后电流 90° $\left(\dfrac{\pi}{2}\text{rad}\right)$，其波形图如图 2-18（b）所示，相量图如图 2-18（c）所示。

在纯电容交流电路中，电容 C 呈现出的影响电流大小的物理量称为容抗，用 X_C 表示，单位是欧姆（Ω），可按式（2-39）计算：

$$X_C = \frac{1}{\omega C} = \frac{1}{2\pi f C} \tag{2-39}$$

式（2-39）中，电容 C 的单位是法（F），容抗的单位是欧姆（Ω）。

在纯电容电路中，电流的有效值 I_C 等于它两端电压的有效值 U 除以它的容抗 X_C，即

$$I_C = \frac{U}{X_C} \tag{2-40}$$

容抗 X_C 是用来表示电容器对电流阻碍作用大小的一个物理量。容抗的大小与频率、电容量成反比。在直流电路中，直流电频率为零，因此，容抗为无限大，电容器在直流电路中相当于开路。但在交流电路中，随着电流频率的增加，容抗逐渐减小，因此，电容器在交流电路中相当于通路。这就是电容器隔断直流、通过交流的原理。

（2）纯电容电路的功率。

纯电容电路的瞬时功率的最大值，称为无功功率，用 Q_C 表示，单位是乏（var），可按式（2-41）计算：

$$Q_C = UI_C = I_C^2 X_C = U^2/X_C \tag{2-41}$$

4. 电阻、电感、电容串联电路

在交流电路中，电阻、电感、电容实际都是同时存在的，其电路图如图 2-19（a）所示。

（1）在电阻 R、电感 L、电容 C 串联的交流电路中，R、L、C 三个参数同时对电路中电流性能的影响，用物理量"阻抗"来表示。阻抗的符号为 Z，

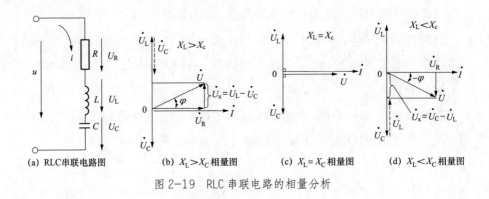

(a) RLC串联电路图　　(b) $X_L > X_C$ 相量图　　(c) $X_L = X_C$ 相量图　　(d) $X_L < X_C$ 相量图

图 2-19　RLC 串联电路的相量分析

单位为欧姆（Ω）。

$$Z = \sqrt{R^2 + (X_L - X_C)^2} \qquad (2-42)$$

三者之间的关系可以通过阻抗三角形来记忆，如图 2-20 所示。其中电抗部分的大小由感抗 X_L 与容抗 X_C 之差决定，即 $X = X_L - X_C$。

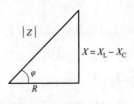

图 2-20　阻抗三角形

（2）串联电路的阻抗性质有三种情况：

当 $X_L > X_C$ 时，电路呈感抗性质，$\varphi > 0$，如图 2-19（b）；

当 $X_L < X_C$ 时，电路呈容抗性质，$\varphi < 0$，如图 2-19（d）；

当 $X_L = X_C$ 时，电路的电抗部分等于零，故此时阻抗最小（$Z = R$），电流最大，电流与电压同相，电路呈纯电阻性质，$\varphi = 0$，如图 2-19（c）所示。

（3）在电阻、电感、电容串联的交流电路中，总电流的有效值 I 等于总电压的有效值 U 除以电路中的阻抗 Z。

$$I = \frac{U}{Z} \qquad (2-43)$$

上式中，当 U 的单位为伏（V），Z 的单位为欧姆（Ω）时，电流 I 的单位为安培（A）。

电路中电流和总电压的相位差角 φ 根据阻抗三角形可按式（2-44）计算：

$$\varphi = \arctan \frac{X_{\mathrm{L}} - X_{\mathrm{C}}}{R} \qquad (2\text{-}44)$$

（4）在含有电阻、电感、电容的交流电路中，功率有三种：有功功率 P、无功功率 Q 和视在功率 S。

有功功率 P 是电路中反映电阻上消耗的功率。单位是瓦（W）或千瓦（kW）。

无功功率 Q 是电路中反映电感、电容上能量交换规模的功率。单位是乏（var）或千乏（kvar）。

视在功率 S 是反映电路中总的功率情况。在实际应用中，常用它来定义设备的额定容量，并标在铭牌上。视在功率的单位是伏安（VA）或千伏安（kVA）。

这三者之间关系可用直角三角形表示，如图 2-21 所示，称为功率三角形。功率因数 $\cos\varphi$ 与功率之间的关系如下：

$$\cos\varphi = \frac{P}{S} \qquad (2\text{-}45)$$

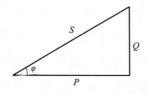

图 2-21　功率三角形

单相交流电路中的有功功率 P、无功功率 Q、视在功率 S 可按下列公式计算：

$$P = UI\cos\phi \qquad (2\text{-}46)$$

$$Q = UI\sin\phi \qquad (2\text{-}47)$$

$$S = UI \qquad (2-48)$$

有功功率 P、无功功率 Q、视在功率 S 之间还存在下列关系：

$$S = \sqrt{P^2 + Q^2} \qquad (2-49)$$

（5）RLC 串联电路的分析。

在交流电压用下，R、L、C 三个元件上流过同一电流 i，该电流在电阻上的电压 U_R 与电流同相位（有功分量），在电感上的电压 U_L 超前电流 $90°$，在电容上的电压 U_C 滞后电流 $90°$（无功分量）。

从图 2-19（b）和（d）可看到，电感上的电压 U_L 与电容上的电压 U_C 之间相位相差 $180°$，这两个电压具有"抵消"的作用，若合理选择电感与电容的参数，使 Z_L 与 Z_C 接近，就可以使电源提供的电压尽可能地作用在电阻上。

三、三相交流电路

三相交流电路中有三个交变电动势，它们频率相同、相位互差 $120°$。

1. 对称三相交流电路

三相交流电是由三相交流发电机产生。三相交流发电机的结构示意图见图 2-22（a）。与之相对应的波形图和相量图如图 2-23（a）、（b）所示。

三相交流发电机主要由定子和转子构成，在定子中嵌入了三个空间相差 $120°$ 的对称绕组，每一个绕组为一相，合称三相对称绕组。三相对称绕组的始端分别为 U1、V1、W1，末端分别为 U2、V2、W2。转子是一对磁极，它以均匀角速度 ω 旋转。若磁感应强度沿转子表面按正弦规律分布，则在三相对称绕组中分别感应出振幅相等、频率相同、相位互差 $120°$ 的三相正弦交流电动势。

若规定三相电动势的正方向都是从绕组的末端指向始端，如图 2-22（b）所示，则三相正弦交流电动势的瞬时值表示为

$$e_U = E_m \sin\omega t \qquad (2-50)$$

$$e_V = E_m \sin(\omega t - 120°) \qquad (2-51)$$

$$e_W = E_m \sin(\omega t + 120°) \tag{2-52}$$

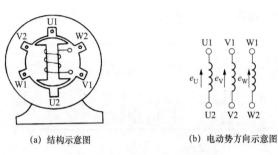

(a) 结构示意图　　　　　　　(b) 电动势方向示意图

图 2-22　三相交流发电机原理

三相电动势到达最大值的先后次序叫作相序。在图 2-23（a）中，最先到达最大值的是 e_U，其次是 e_V，再次是 e_W，它们的相序是 U—V—W—U，称为正序。若最大值出现的次序是 U—W—V—U，与正序相反，则称为负序。一般三相电动势都是指正序而言，并常用颜色黄、绿、红来表示 U、V、W 三相，即 A、B、C 三相。

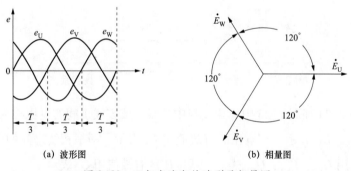

(a) 波形图　　　　　　　　　　　　(b) 相量图

图 2-23　三相交流电的波形及相量图

2. 三相电源绕组的连接

三相电源绕组的连接方法有两种：星形（Y）连接和三角形（△）连接。

（1）三相电源绕组的星形连接。

在图 2-24 中，三相绕组末端连接在一起，形成一个公共点，称为中性点，用 N 表示。从三个始端 U1、V1、W1 分别引出三根导线，称为相线。从电源中性点 N 引出的导线称为中性线。如果中性点 N 接地，则中性点改称为零

点，用 N_0 表示。由零点 N_0 引出的导线称为零线。有中性线或零线的三相制
系统称为三相四线制系统。

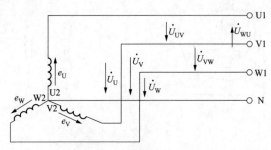

图 2-24　电源绕组的星形连接——三相四线制系统

中性点不引出，即无中性线或零线的三相交流系统称为三相三线制系统，
如图 2-25 所示。

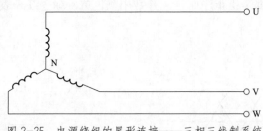

图 2-25　电源绕组的星形连接——三相三线制系统

在图 2-24 和图 2-25 中，相线与中性线（或零线）间的电压称为相电压，
用 U_U、V_V、U_W 表示，相电压的有效值用 U_P 表示。两根相线之间的电压称为
线电压，用 U_{UV}、V_{VW}、U_{WU} 表示，线电压的有效值用 U_L 表示。

星形连接时，线电压在数值上为相电压的 $\sqrt{3}$ 倍，即 $U_L = \sqrt{3} U_P$；相位上
线电压超前相电压 30°。

（2）三相电源绕相的三角形连接。

如果将三相电源绕组首尾依次相接，则称为三角形连接。三角形的三个
角引出导线即为相线，如图 2-26 所示。采用三角形接法时，线电压在数值上
等于相电压，即 $U_L = U_P$。

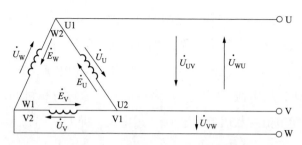

图 2-26　电源绕组的三角形连接

3. 三相负载的联接

三相负载也有两种连接方式：星形（丫）连接和三角形（△）连接。

（1）三相负载的星形连接。

把三相负载分别接在三相电源的一根相线和中性线（或零线）之间的接法称为三相负载星形连接，如图 2-27 所示。图中 Z_U、Z_V、Z_W 为各相负载的阻抗值，N′ 为三相负载的中性点。

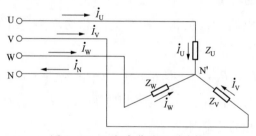

图 2-27　三相负载的星形连接

加在每相负载两端的电压称为负载的相电压，相线之间的电压称为线电压。负载接成星形时，相电压等于线电压的 $1/\sqrt{3}$，即 $U_P = 1/\sqrt{3}\ U_L$。

星形接线的负载接上电源后，就有电流产生。流过每相负载的电流称为相电流，用 I_U、I_V、I_W 表示，相电流的有效值用 I_P 表示。流过相线的电流称为线电流，用 I_U、I_V、I_W 表示，线电流的有效值用 I_L 表示。负载作星形连接时，$I_L = I_P$，即线电流等于相电流。

（2）三相负载的三角形连接。

把三相负载分别接在三相电源的每两根相线之间的接法称为三角形连接，

如图 2-28 所示。在负载作三角形连接的电路中，由于各相负载接在两根相线之间，因此负载的相电压就是电源（电网）的线电压，即 $U_L = U_P$。

三角形连接的负载接上电源后，产生线电流和相电流。在图 2-28 中所示的 I_U、I_V、I_W 即为线电流，I_u、I_v、I_w 为相电流。通过分析可知，负载采用三角形接线时，相电流在数值上等于 $1/\sqrt{3}$ 线电流，即 $I_L = \sqrt{3}\, I_P$。

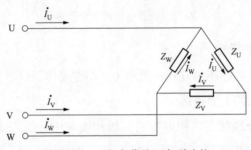

图 2-28　三相负载的三角形连接

4. 三相电路的功率

在三相交流电路中，三相负载消耗的总功率为每相负载消耗功率之和，即

$$P = P_U + P_V + P_W = U_U I_U \cos\varphi_U + U_V I_V \cos\varphi_V + U_W I_W \cos\varphi_W \tag{2-53}$$

式（2-53）中，U_U、U_V、U_W 为各相电压，I_U、I_V、I_W 为各相电流，$\cos\varphi_U$、$\cos\varphi_V$、$\cos\varphi_W$ 为各相的功率因数。

在对称三相交流电路中，各相电压、相电流的有效值相等，功率因数 $\cos\varphi$ 也相等，所以式（2-53）可写成：

$$P = 3 U_P I_P \cos\varphi \tag{2-54}$$

式（2-54）表明，在对称三相交流电路中，总的有功功率是每相功率的 3 倍。

在实际工作中，由于测量线电流比测量相电流要方便（指三角形连接的负载），所以三相总有功功率也可用线电流、线电压表示，因此，式（2-54）可改写如下：

$$P = \sqrt{3}\, U_L I_L \cos\varphi \tag{2-55}$$

对称负载不管是连接成星形还是三角形，其三相总有功功率均按式（2-54）或式（2-55）计算。所谓对称三相负载是指各相负载的电阻、感抗（或容抗）相等，即阻抗相等，且性质相同。

同理，可得到对称三角形负载总的无功功率计算公式如下：

$$Q = 3U_{\mathrm{P}}I_{\mathrm{P}}\sin\phi = \sqrt{3}\,U_{\mathrm{L}}I_{\mathrm{L}}\sin\varphi \qquad (2\text{-}56)$$

对称三相负载的总视在功率计算公式为

$$S = 3U_{\mathrm{P}}I_{\mathrm{P}} = \sqrt{3}\,U_{\mathrm{L}}I_{\mathrm{L}} \qquad (2\text{-}57)$$

在三相功率中，有功功率的单位是瓦（W）或千瓦（kW）；无功功率的单位是乏（var）或千乏（kvar）；视在功率的单位是伏安（VA）或千伏安（kVA）。

在三相功率计算中，$\cos\varphi = R/Z$，即每相负载的功率因数等于每相负载的电阻除以每相负载的阻抗；$\sin\varphi = X/Z$，式中 X 是每相负载的电抗，$X = X_{\mathrm{L}} - X_{\mathrm{C}}$，如果 X_{C}（每组负载的容抗）忽略不计，则 $X = X_{\mathrm{L}}$（每相负载的感抗）。

三相有功功率 P、无功功率 Q、视在功率 S 之间，与单相交流电路一样有下列关系：

$$S = \sqrt{P^2 + Q^2} \qquad (2\text{-}58)$$

如果已知三相有功功率 P 和视在功率 S，则三相无功率 Q 可按式（2-59）计算：

$$Q = \sqrt{S^2 - P^2} \qquad (2\text{-}59)$$

参考题

一、单选题

1. 电路包含电源、（　　　）三个基本组成部分。

A. 开关和负载　　　　B. 导线和中间环节　　　　C. 负载和中间环节

2. 已知横截面积为 40mm² 的导线中，该导线中的电流密度为 8A/mm²，则导线中流过的电流为（　　　）。

    A. 0.2A　　　　　　　B. 5A　　　　　　　　C. 320A

3. 在三个电阻并联的电路中，已知各电阻消耗的功率分别为10W、20W和30W，则电路的总功率等于（　　　）。

    A. 20W　　　　　　　B. 30W　　　　　　　C. 60W

4. 变压器铁芯中磁通 Φ 的大小与磁路的性质、铁芯绕组的匝数 N 和（　　　）有关。

    A. 线圈电阻　　　　　B. 线圈的绕制方向　　　C. 线圈电流 I

5. 在相同的磁场中，线圈匝数越多，线圈的电感（　　　）。

    A. 越小　　　　　　　B. 不变　　　　　　　C. 越大

6. 在交流电路中，无功功率 Q、视在功率 S 和功率因数角 φ 的关系为（　　　）。

    A. $S = P + Q$　　　　B. $Q = S\sin\varphi$　　　　C. $Q = S\cos\varphi$

7. 交流电气设备的铭牌上所注明的额定电压和额定电流都是指电压和电流的（　　　）。

    A. 有效值　　　　　　B. 最大值　　　　　　C. 瞬时值

8. 如果三相异步电动机三个绕组首尾相连，这种接线方式称为（　　　）。

    A. 单相连接　　　　　B. 三角形连接　　　　　C. 星形连接

二、判断题

1. 导体的电阻大小与温度变化无关，在不同温度时，同一导体的电阻相同。（　　　）

2. 电功率 P 的大小为一段电路两端的电压 U 与通过该段电路的电流 I 的乘积，表示为 $P = UI$。（　　　）

3. 通过同样大小电流的载流导线，在同一相对位置的某一点，若磁介质不同，则磁感应强度不同，但具有相同的磁场强度。（　　　）

4. 磁感应强度 B 与垂直于磁场方向的面积 S 的乘积，称为通过该面积的

磁通量 Φ，简称磁通，即 $\Phi = BS$。（　　　）

5. 判断载流导体在磁场中运动方向时，应使用左手定则，即伸出左手，大拇指与四指垂直，让磁力线穿过手心，使伸直的四指与电流方向一致，则大拇指所指方向为载流导体在磁场中所受电磁力的方向。（　　　）

6. 在电阻电感串联的交流电路中，总电压是各分电压的相量和，而不是代数和。（　　　）

7. 交流电流的频率越高，则电感元件的感抗值越小，而电容元件的容抗值越大。（　　　）

8. 频率为 50Hz 的交流电，其周期是 0.02s。（　　　）

继电保护基础知识

继电保护和自动装置对电力系统起到保护和安全控制的作用。在学习继电保护和自动装置前应掌握继电保护和自动装置所保护和控制对象的特点，这是学习继电保护和自动装置的基础。本章内容包括电力系统的构成、电力系统中性点接地方式、电力系统短路电流计算等。

第一节　电力系统基本概念

电力系统是由发电厂、变电站、送电线路、配电线路、电力用户组成的整体。其中，联系发电厂与用户的中间环节称为电力网，电力网由送电线路、变电站、配电所和配电线路组成。

电能在发电厂内通过升压变压器升压，通过送电线路（输电线路）长距离传输至变电站，变电站内的降压变压器将高电压转换为低电压，并通过配电网供企业用户使用，或通过配电变压器再次降压供居民用户使用。

在电力系统中，各种电气设备多是三相的，且三相系统基本呈现或设计为对称形式，所以可以将三相电力系统用单线图表示，电力系统示意图如图3-1所示。

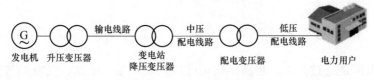

发电机　升压变压器　　　变电站　　　配电变压器　　　　电力用户
　　　　　　　　　　降压变压器

输电线路　　　中压　　　　　　低压
　　　　　配电线路　　　　配电线路

图 3-1　电力系统示意图

为了保证电力系统中电力设施的正常运行，还需要配置继电保护、自动装置、计量装置、直流电源、通信和电网调度自动化设备。

电力系统主要组成部分和电气设备的作用如下。

一、发电厂

发电厂是把各种天然能源转换成电能的工厂。天然能源包括煤炭、石油、天然气、水力、风力、太阳能等。根据使用能源的不同，发电厂分为火力发电厂（一次能源为煤炭、石油或天然气）、水力发电厂、风力发电厂和光伏发电厂等。

在火力发电厂中，燃料在锅炉内燃烧时加热水生成蒸汽，燃料的化学能转变成热能，蒸汽压力推动汽轮机旋转，将热能转换成机械能，然后汽轮机带动发电机旋转，将机械能转变成电能。

水力发电厂利用水的压力或流速推动水轮机旋转，将重力势能和动能转变成机械能，然后水轮机带动发电机旋转，将机械能转变成电能。

风力发电是把风的动能转变成机械动能，再把机械能转化为电能。

光伏发电利用太阳能电池板和逆变器将光能转变为电能。

二、变电站

变电站是电力系统中联系发电厂与用户的中间环节，具有汇集电能和分配电能、变换电压和交换功率等功能，是一个装有多种电气设备的场所。根据在电力系统中所起的作用，变电站可分为升压变电站和降压变电站；根据安装位置，可分为户外变电站、户内变电站、半户外变电站和地下变电站。

三、输电网

输电网是通过高压、超高压输电线将发电厂与变电站、变电站与变电站连接起来，完成电能传输的电力网络，又称为电力网中的主网架。输电网电压等级包括 1000kV、800kV、500kV、330kV 和 220kV 等。

四、配电网

配电网是从输电网或地区发电厂接受电能，通过配电设施将电能分配给用户的电力网。配电设施包括配电线路、配电变压器、配电设备等。

我国配电网根据电压等级划分为高压、中压和低压配电网。高压配电网电压包括 35kV、66kV、110kV；中压配电网电压包括 10kV、20kV；低压配电网电压为 380/220V。

五、负荷

电力负荷是用户的用电设备或用电单位总体所消耗的功率，可以表示为功率（kW）、容量（kVA）或电流（A）。发电厂对外供电负荷包括用户负荷以及能量在传输过程中的功率损失（网损）。

六、一次设备

直接生产、转换和输配电能的设备称为一次设备。一次设备包括变压器、断路器、隔离开关、负荷开关、互感器等。

1. 变压器

变压器利用电磁感应原理，把一种交流电压和电流转换成相同频率的另一种或几种交流电压和电流。在电力系统中，由于传输电能和用户用电的需要，无论是发电厂还是变电站，都可以看到各种型式和各种容量的电力变压器。

2. 断路器

断路器是一种开关设备，既能关合、承载、开断运行回路的负荷电流，又能关合、承载、开断短路等异常电流。断路器的型式较多，结构也不尽相同，但从原理上看，均由动触头、静触头、灭弧装置、操动机构、绝缘支架等构成。

3. 隔离开关

隔离开关是将电气设备与电源进行电气隔离或连接的设备，因为没有特殊的灭弧装置，一般只能在无负荷电流的情况下进行分、合操作，与断路器配合使用。隔离开关由导电回路、绝缘支架、操动机构、传动机构及底座支架等组成。

4. 负荷开关

负荷开关是另一种开关设备，既能关合、承载、开断运行线路的正常电流（包括规定的过载电流），并能关合、承载短路等异常电流，但不能开断短路故障电流。负荷开关可以看成是断路器功能的简化，或隔离开关功能的延伸。负荷开关由灭弧装置、操动机构和绝缘支架等组成。

5. 互感器

互感器有电流互感器（TA）和电压互感器（TV）。电流互感器是一种变流设备，将交流一次侧大电流转换成二次电流，供给测量、保护等二次设备使用，一般二次额定电流为 5A 或 1A；电压互感器是一种变压设备，将交流一次侧高电压转换成二次电压，供给控制、测量、保护等二次设备使用，一般二次额定的相电压为 $100/\sqrt{3}$ V。

6. 主接线

主接线是以电源和引出线为基本环节，以母线为中间环节构成的电能通路。变电站主接线将变压器、断路器、隔离开关、互感器、母线等一次电气设备按照一定的顺序连接，实现电能的汇集和分配，按有无汇流母线分为有母线接线和无母线接线两大类。变电站主接线图一般用单线图表示。

七、二次设备

对一次设备进行监察、测量、控制、保护、调节的辅助设备称为二次设备。二次设备包括继电保护和自动装置、测量仪表、直流电源等。

1. 继电保护和自动装置

继电保护的作用是当电网发生短路故障时向断路器发出跳闸命令，自动切除故障，当电网出现异常情况时发出信号。

自动装置用于实现发电厂或变电站的备用电源自动投入、输电线路自动重合闸以及按事故频率自动减负荷等工作。

2. 测量仪表

测量仪表用于监视、测量电路的电流、电压、功率、电量、频率等。如电流表、电压表、功率表、电能表、频率表等。

3. 直流电源

直流电源设备包括蓄电池组和整流装置，用作开关电器的操作、信号、继电保护和自动装置的直流电源。与交流电源相比，直流电源的供电可靠性更高。

第二节　电力系统中性点接地方式

电力系统中性点运行方式即中性点接地方式，是指电力系统中发电机或变压器的中性点的接地方式，是一种工作接地。电力系统中性点接地方式分为中性点直接接地与中性点非直接接地两大类，中性点非直接接地又分为中性点不接地、中性点经消弧线圈接地、中性点经电阻接地、中性点经电抗接地等。

一、中性点直接接地方式

中性点直接接地是指电力系统中至少有一个中性点直接与接地设施相连接，如图 3-2 中的 N 点接地，通常用于 500kV、330kV、220kV、110kV 电网。

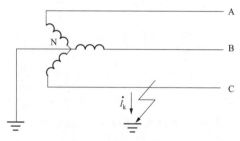

图 3-2　中性点直接接地系统单相接地故障

如图 3-2 所示，中性点直接接地系统保持接地中性点零电位，当发生单相接地故障时，非故障相对地电压数值变化较小，对设备绝缘要求不高，减少了设备造价，特别是在高压和超高压电网，经济效益显著，故适用于 110kV 及以上电网。但是，由于中性点直接接地，中性点与短路点构成直接短路通路，单相接地时故障相电流很大，会造成接于故障相的电气设备损坏甚至烧毁。为此，需要通过继电保护装置向断路器发出跳闸指令，切断短路电流。

二、中性点不接地方式

中性点不接地系统指电力系统中性点不接地。如图 3-3 所示，中性点不接地系统发生单相接地故障时，中性点电压发生位移，但是三相之间的线电压仍然对称，且数值不变。由于没有直接的短路通路，接地故障电流由线路和设备对地分布电容回路提供，是容性电流，通常数值不大，一般不需要立即停电，可以带故障运行一段时间（一般不超过 2h）。因此，中性点不接地方式具有跳闸次数少的优点，普遍应用于接地电容电流不大的系统，例如 66kV、35kV 电网。但是，当中性点不接地系统发生单相接地故障时，非故障相对地电压升高，数值最大为额定相电压的 $\sqrt{3}$，因此，用电设备的绝缘水平需要按线电压考虑，从而增加了设备造价，这是中性点不接地方式的缺点。

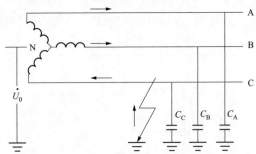

图 3-3　中性点不接地系统单相接地故障

三、中性点经消弧线圈接地方式

采用中性点不接地方式时，如果电网的电容电流不大，单相接地故障点的电弧可以自行熄灭；如果电容电流较大，接地故障点的电弧不会自行熄灭，并且会产生间歇性电弧，引起过电压，可能导致绝缘损坏、故障扩大。因此，当电网电容电流超过一定值时，应采用中性点经消弧线圈接地方式，消弧线圈又称消弧电抗器或接地故障补偿装置。规程规定 35kV 电网中接地电流大于 10A、6~10kV 电网中接地电流大于 30A、发电机直配网络中接地电流大于

5A 时，中性点应经消弧线圈接地。

如图 3-4 所示，在电力系统发生单相接地故障时，由于采用了消弧线圈接地，在中性点电压作用下，有感性电流（称为补偿电流）I_L 流过故障点，补偿故障点的容性电流，使总故障电流数值减小。所以，中性点经消弧线圈接地的主要目的是减小单相接地故障电流，促进电弧自行熄灭，避免发展成相间短路或烧断导线。

与中性点不接地方式类似，中性点经消弧线圈接地的优点是跳闸次数少，提高了供电可靠性；缺点是用电设备的绝缘水平需要按线电压考虑，增加了设备造价。

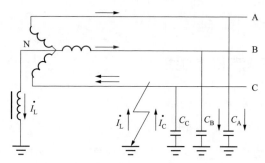

图 3-4　中性点经消弧线圈接地系统单相接地故障

四、中性点经电阻接地方式

6 ~ 35kV 的配电网，结构复杂，架空线路与电缆线路并存，且电缆线路较长，当发生单相接地故障时，系统对地电容电流较大，可采用中性点经低值电阻（小电阻）接地方式，如图 3-5 所示。电缆线路单相接地故障一般都是永久故障，因此，当发生单相接地故障时，断路器瞬时跳闸切除故障，避免故障扩大和对设备的危害，同时还可以避免中性点接消弧线圈带来的谐振过电压等问题。中性点经低电阻接地方式适用于主要由电缆线路构成的 6 ~ 35kV 的配电网。10kV 电网采用的中性点接地低值电阻一般为 10Ω。

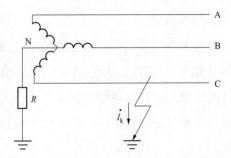

图 3-5　中性点经电阻接地系统单相接地故障

对于 6kV 和 10kV 主要由架空线构成的系统，单相接地故障电流较小时（接地故障电流小于 10A），为了防止谐振、间歇性电弧接地过电压等对设备的损害，可以采用中性点经高值电阻接地。若此时发生单相接地故障，不会立即跳闸，可运行一段时间。

五、低压配电网接地方式

低压配电网指 220/380V 网络，采用中性点直接接地方式，并且引出中性线（代号 N）、保护线（代号 PE）或保护中性线（代号 PEN）。其中保护线是保障人身安全，防止发生触电事故用的中性线；保护中性线则兼有中性线和保护线的功能，通常称为"零线"或"地线"。

按照保护接地形式，低压配电网分为 TN 系统、TT 系统和 IT 系统。

TN 系统如图 3-6 所示，所有设备的外露可导电部分均接公共保护线 PE，或接公共保护中性线 PEN。其中整个系统的中性线 N 与保护线 PE 全部分开的称为 TN-S 系统；整个系统的中性线 N 与保护线 PE 合一为保护中性线 PEN 的称为 TN-C 系统；系统的部分中性线 N 与保护线 PE 合一的称为 TN-C-S 系统。

TT 系统如图 3-7 所示，所有设备的外露可导电部分均各自经保护线 PE 单独接地。

IT 系统如图 3-8 所示，所有设备的外露可导电部分各自经保护线 PE 单独接地，与 TT 系统不同的是电源中性点不接地或经电抗接地，且通常不引出中性线 N。

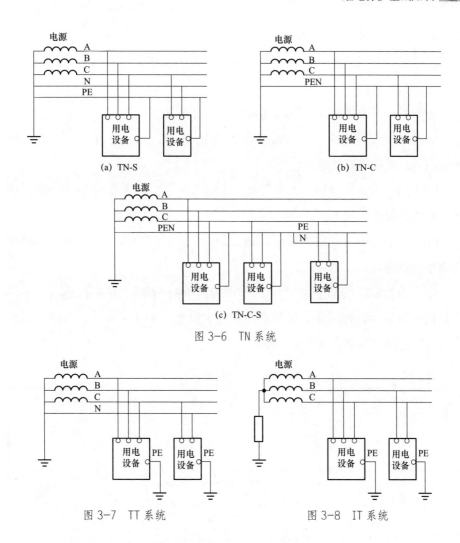

(a) TN-S

(b) TN-C

(c) TN-C-S

图 3-6 TN 系统

图 3-7 TT 系统

图 3-8 IT 系统

第三节 电力系统短路故障

一、短路的一般概念

"短路"是指电力系统中相与相之间或相与地之间,通过电弧或其他较小阻抗形成的一种非正常连接。当发生短路故障时，通常伴随电压下降和电流增加，造成设备发热损坏，甚至烧毁，破坏电力系统正常运行，从而影响用户的生产和生活。

电力系统中发生短路的原因有多种，归纳如下：

（1）电气设备绝缘损坏。如设计不合理、安装不合格、维护不当等，还有雷击或过电压等外界原因。

（2）运行人员误操作。如带负荷拉合隔离开关（刀闸）、带地线合闸、误将带地线的设备投入等。

（3）其他原因。如树木碰线、鸟兽跨接导体、外力破坏等造成的单相接地或相间短路等。

电力系统短路的基本类型有：三相短路、两相短路、单相接地短路、两相接地短路等。各种短路故障示意图和代表符号如表 3-1 所示，其中三相短路为对称短路，其他为不对称短路。

表 3-1　　　　　　　各种短路故障示意图和代表符号

短路类型	示意图	代表符号
三相短路		$k^{(3)}$
两相短路		$k^{(2)}$
单相接地短路		$k^{(1)}$
两相接地短路		$k^{(1.1)}$

运行经验和统计数据表明，电力系统中各种短路故障发生的概率是不同的，其中发生三相短路的概率最少，发生单相接地短路的概率最大。

在实际工程问题中，经常需要计算短路电流，并将短路电流计算值作为设备参数选择依据和继电保护定值设定依据，短路电流计算涉及以下概念：

（1）无限大容量电力系统。无限大容量电力系统有时简称无限大系统或无穷大系统，是指电源容量比被供电系统容量大得多的电力系统，其特征是当被供电系统中负荷变动甚至发生短路故障时，电力系统母线电压及频率基本维持不变。一般当电力系统等值电源阻抗不超过短路电路阻抗的 5% ~ 10%，或电力系统容量超过被供电系统容量的 50 倍时，可视为无限大容量电力系统。实际应用中，对于 110kV 配电网，可将供电变压器看作无穷大系统对 110kV 电网供电。

（2）短路电流周期分量。电力系统发生短路故障时，与正常负荷状态相比，供电回路的阻抗大为减小，因此出现数值很大的短路电流。显然，短路电流的大小由电源电压和短路回路阻抗决定，电源电压是正弦周期分量，与之对应，产生的是短路电流中的周期分量。在计算中，通常求取的就是这个短路电流周期分量，即在非周期分量衰减完毕后的稳态短路电流。

（3）短路电流非周期分量。电力系统正常运行时，线路和设备上流过负荷电流，当发生短路时，在短路回路中将流过短路电流。由于短路回路存在电感，导致电流不能突变，因此，在电流变化的过渡过程中，将出现一个随时间衰减的非周期分量电流，即短路电流中的非周期分量。

（4）短路冲击电流。短路电流周期分量和非周期分量叠加形成的短路全电流的最大瞬时值称为短路冲击电流，其数值约为短路电流周期分量的 2.55 倍。

二、三相对称短路

在电力系统的各种短路故障中，虽然三相短路发生的概率最小，但其对电力系统的影响和危害最大。无穷大系统发生三相短路示意图如图 3-9 所示。

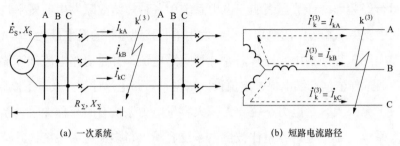

（a）一次系统　　　　　　（b）短路电流路径

图 3-9　无穷大系统发生三相短路示意图

三相短路时，三相仍然对称，三相的短路回路完全相同，短路电流相等，相位互差 120°，因此只计算一相即可。根据电路计算原理，采用有名值计算三相短路电流周期分量如下：

$$I_k^{(3)} = \frac{E_s/\sqrt{3}}{X_\Sigma} \tag{3-1}$$

式中　$I_k^{(3)}$——三相短路电流周期分量有效值，kA；

　　　E_s——等值电源线电动势，实际计算时可以采用平均额定电压，kV；

　　　X_Σ——短路回路总电抗，通常计算时不考虑回路的电阻，Ω。

【例 3-1】某电力系统如图 3-10 所示，在母线 B 和母线 C 上分别发生三相短路。已知等值电源电抗为 $X_S = 0.25\Omega$，线路单位电抗为 $x_1 = 0.4\Omega/\mathrm{km}$，变压器 T1、T2 的额定容量为 1000kVA、短路电压为 $U_k\% = 4.5$。试求短路点的短路电流周期分量。

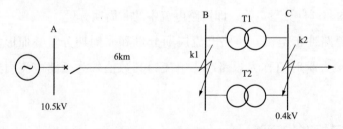

图 3-10　电力系统接线示意图

解：（1）母线 B 三相短路。

$$X_{AB} = x_1 L_{AB} = 0.4\Omega/\mathrm{km} \times 6\mathrm{km} = 2.4\Omega$$

$$X_{\Sigma(k1)} = X_S + X_{AB} = 0.25\,\Omega + 2.4\,\Omega = 2.65\,\Omega$$

$$I_{k1}^{(3)} = \frac{U_A}{\sqrt{3}\,X_{\Sigma(k1)}} = \frac{10.5\text{kV}}{\sqrt{3}\times 2.65\,\Omega} = 2.29\text{kA}$$

（2）母线 C 三相短路。计算时需要将等值电源电抗和线路电抗折算到 0.4kV 侧，并计算变压器电抗（详细公式见参考书目 3 的 151 页公式 4-60，此处直接利用公式进行计算）。

$$X_S' = X_S\left(\frac{U_C}{U_A}\right)^2 = 0.25\,\Omega \times \left(\frac{0.4\text{kV}}{10.5\text{kV}}\right)^2 = 3.63 \times 10^{-4}\,\Omega$$

$$X_{AB}' = X_{AB}\left(\frac{U_C}{U_A}\right)^2 = 2.4\,\Omega \times \left(\frac{0.4\text{kV}}{10.5\text{kV}}\right)^2 = 3.48 \times 10^{-3}\,\Omega$$

$$X_{T1} = X_{T2} \approx 10 \times U_k\% \times \frac{U_C^2}{S_{N.T}} = 10 \times 4.5 \times \frac{(0.4\text{kV})^2}{1000\text{kVA}} = 7.2 \times 10^{-3}\,\Omega$$

$$\begin{aligned}X_{\Sigma(k2)} &= X_S' + X_{AB}' + X_{T1}//X_{T2} = 3.63 \times 10^{-4}\,\Omega + 3.48 \times 10^{-3}\,\Omega + 7.2 \times 10^{-3}\,\Omega/2 \\ &= 7.44 \times 10^{-3}\,\Omega\end{aligned}$$

$$I_{k2}^{(3)} = \frac{U_C}{\sqrt{3}\,X_{\Sigma(k2)}} = \frac{0.4\text{kV}}{\sqrt{3}\times 7.44 \times 10^{-3}\,\Omega} = 31.04\text{kA}$$

三、不对称短路

电力系统不对称短路包括两相短路、两相接地短路和单相接地短路。

（一）序分量和对称分量法

当电力系统发生不对称短路时，三相不再对称，三相的电流和电压数值也不再相等。此时可以将不对称的电流或电压分解为正序分量、负序分量和零序分量的矢量和。这些正序、负序和零序分量分别用下标 1、2 和 0 表示。以短路电流为例，短路电流各序分量的相量图和不对称短路电流的矢量分解图如图 3-11 所示。正序电流三相对称，即大小相等，相位互差 120°；负序电流三相对称，即大小相等，相位互差 120°，但相序与正序电流相反；零序电流三相大小相等，相位相同。

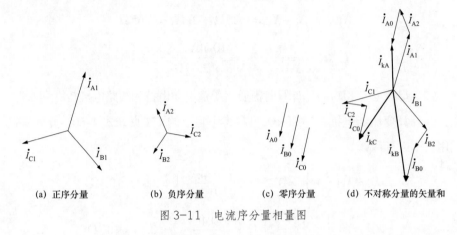

(a) 正序分量　　(b) 负序分量　　(c) 零序分量　　(d) 不对称分量的矢量和

图 3-11　电流序分量相量图

如式（3-2）所示，不对称短路电流 $\dot{I}_{kA}$、$\dot{I}_{kB}$ 和 $\dot{I}_{kC}$ 可以分解为对应相的正序、负序和零序分量的矢量和。

$$\left.\begin{aligned}\dot{I}_{kA} &= \dot{I}_{A1} + \dot{I}_{A2} + \dot{I}_{A0} \\ \dot{I}_{kB} &= \dot{I}_{B1} + \dot{I}_{B2} + \dot{I}_{B0} \\ \dot{I}_{kC} &= \dot{I}_{C1} + \dot{I}_{C2} + \dot{I}_{C0}\end{aligned}\right\} \tag{3-2}$$

式中　$\dot{I}_{kA}$、$\dot{I}_{kB}$、$\dot{I}_{kC}$——三相不对称短路电流；

　　　$\dot{I}_{A1}$、$\dot{I}_{A2}$、$\dot{I}_{A0}$——A 相不对称短路电流对应的正序、负序和零序分量；

　　　$\dot{I}_{B1}$、$\dot{I}_{B2}$、$\dot{I}_{B0}$——B 相不对称短路电流对应的正序、负序和零序分量；

　　　$\dot{I}_{C1}$、$\dot{I}_{C2}$、$\dot{I}_{C0}$——C 相不对称短路电流对应的正序、负序和零序分量。

将不对称短路电流的求解转化为对各序分量的求解，待求解出各序分量后，再将其代入式（3-2），从而求出不对称短路电流的大小。这种求解不对称短路电流的方法称为对称分量法。

将式（3-2）中的三个式子相加，并利用 $\dot{I}_{A1} + \dot{I}_{B1} + \dot{I}_{C1} = 0$ 和 $\dot{I}_{A2} + \dot{I}_{B2} + \dot{I}_{C2} = 0$ 的性质可得零序电流为

$$\dot{I}_0 = \frac{1}{3}(\dot{I}_{kA} + \dot{I}_{kB} + \dot{I}_{kC}) \tag{3-3}$$

显然，电力系统正常运行时仅有正序分量。

（二）不对称短路电流计算

1. 两相短路

无穷大系统供电发生 B、C 两相短路示意图如图 3-12 所示。

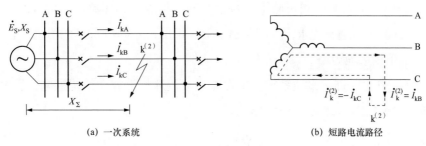

(a) 一次系统　　　　　　　　　(b) 短路电流路径

图 3-12　无穷大系统供电发生 B、C 两相短路示意图

电力系统发生两相短路，经故障相和短路点构成短路回路，由故障相电源的线电动势产生短路电流，流过故障线路，非故障线路没有短路电流，因此出现三相不对称，同时零序电流为 0。在不计负荷电流的情况下，三相的短路电流分别为

$$\left.\begin{array}{l} \dot{I}_{kA} = \dot{I}_{A1} + \dot{I}_{A2} = 0 \\ \dot{I}_{kB} = \dot{I}_{B1} + \dot{I}_{B2} \\ \dot{I}_{kC} = \dot{I}_{C1} + \dot{I}_{C2} = \dot{I}_{kB} \end{array}\right\} \tag{3-4}$$

可见两相短路的特点是，三相不对称，出现负序电流；只有故障相存在短路电流，但两相的短路电流数值相等，相位相反。

根据图 3-12，短路电流数值可计算如下：

$$I_{k}^{(2)} = \frac{E_{s}}{2X_{\Sigma}} \tag{3-5}$$

式中　$I_{k}^{(2)}$——两相短路电流周期分量有效值，kA；

　　　E_{s}——等值电源线电动势，实际计算时可以采用平均额定电压，kV；

　　　X_{Σ}——相短路回路总电抗，Ω。

将式（3-5）与式（3-1）比较可得：

$$I_k^{(2)} = \frac{\sqrt{3}}{2} I_k^{(3)} = 0.866 I_k^{(3)} \qquad (3-6)$$

式（3-6）表明两相短路电流数值为同一地点三相短路电流的 0.866 倍，在实际计算中，通常先求出三相短路电流，再用式（3-6）求出两相短路电流。

2. 单相接地短路

（1）中性点直接接地系统。中性点直接接地的无穷大系统供电，发生 A 相单相接地短路示意图如图 3-13 所示。

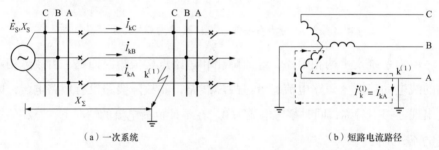

（a）一次系统　　　　　　　（b）短路电流路径

图 3-13　中性点直接接地的无穷大系统供电发生 A 相单相接地短路示意图

中性点直接接地电力系统发生单相接地时，经直接接地的中性点、故障相、短路点和大地构成短路回路，由故障相电源电动势产生短路电流，流过故障线路，非故障线路没有短路电流，因此出现三相不对称。在不计负荷电流的情况下，三相的短路电流分别为

$$\left.\begin{array}{l} \dot{I}_{kA} = \dot{I}_{A1} + \dot{I}_{A2} + \dot{I}_{A0} = 3\dot{I}_0 \\ \dot{I}_{kB} = \dot{I}_{B1} + \dot{I}_{B2} + \dot{I}_{B0} = 0 \\ \dot{I}_{kC} = \dot{I}_{C1} + \dot{I}_{C2} + \dot{I}_{C0} = 0 \end{array}\right\} \qquad (3-7)$$

可见单相接地短路时的特点是，三相不对称，出现负序电流和零序电流；故障相接地短路电流的数值为 $3I_0$。

单相接地短路电流计算公式（3-7）中零序电流 $\dot{I}_0$ 的求解问题需要用到复合序网概念，在此不做介绍，有兴趣的读者可以阅读参考书目 2 中的相关章节。

（2）中性点不接地系统。中性点不接地的无穷大系统供电，发生单相接地短路时的特点和短路电流分布见第六章的第三节。

3. 两相接地短路

两相接地短路计算问题同样需要用到复合序网概念，在此不做介绍，有兴趣的读者可以阅读参考书目 2 的相关章节。

四、不对称短路的特征

只要发生接地短路，无论是单相接地短路还是两相接地短路，都会出现零序电流。单相接地短路、两相接地短路和两相短路都会出现正序电流和负序电流。根据以上分析，归纳不对称短路的特征见表 3-2。

表 3-2 不对称短路特征

短路类型	单相接地短路 （中性点直接接地系统）	两相接地短路	两相短路
对称性	不对称	不对称	不对称
正序电流	有	有	有
负序电流	有	有	有
零序电流	有	有	无

参考题

一、选择题

1. 电力系统容量超过被供电系统容量（　　　）倍时可视为无限大容量电力系统。

A.10　　　　　　　　B.20　　　　　　　　C.50

2.电力系统正常运行时仅有（　　　）。

A.正序分量　　　　　　B.负序分量　　　　　C.零序分量

3.频率是电力系统运行的一个重要指标，反映电力系统（　　　）供需平衡的状态。

A.无功功率　　　　　　B.有功功率　　　　　C.视在功率

二、判断题

1.电力系统是由发电厂、变电站、送电线路、配电线路、电力用户组成的整体。（　　　）

2.无限大容量系统，可视为当被供电系统中负荷变动甚至发生故障，电力系统母线电压及频率基本维持不变。（　　　）

3.变电站是电力系统中联系发电厂与用户的中间环节，具有汇集电能和分配电能、变换电压和交换功率等功能。（　　　）

电气二次系统

　　本章首先介绍电力系统继电保护、自动装置、二次回路的基本概念，接着介绍电力系统对继电保护和自动装置的四个基本要求以及继电保护和自动装置的基本构成，为读者学习和分析继电保护、自动装置的具体问题打下基础。

第一节　继电保护、自动装置及二次回路概述

一、继电保护

电力系统在运行中会发生故障，最常见的故障是各种类型的短路。当短路故障发生时，将伴随出现很大的短路电流，部分地区的电压会降低，还可能对电力系统造成以下后果：

（1）破坏电力系统并联运行的稳定性，引发电力系统振荡，甚至造成系统瓦解、崩溃；

（2）故障点通过很大的短路电流和燃烧电弧，损坏或烧毁故障设备；

（3）在电源到短路点之间，短路电流流过非故障设备，产生发热和电动力，造成非故障设备损坏或缩短使用寿命；

（4）故障点附近部分区域电压大幅度下降，用户的正常工作遭到破坏或影响产品质量。

电力系统运行中还可能出现异常运行状态，使电力系统的正常工作受到干扰，运行参数偏离正常值。最常见的电力系统异常状态是过负荷，过负荷使电力系统元件或设备温度升高，加速绝缘老化，甚至发展成故障。另外，电力系统异常状态还有电力系统振荡、频率降低、过电压等。

故障和异常运行如果得不到及时处理，都可能在电力系统中引起事故。电力系统事故是指整个系统或部分的正常运行遭到破坏，造成对用户少送电或电能质量严重恶化，甚至造成人身伤亡、电气设备损坏或大面积停电等事故。

针对电力系统可能发生的故障和异常运行状态，需要装设继电保护装置。继电保护装置是在电力系统故障或异常运行情况下动作的一种自动装置，与其他辅助设备及相应的二次回路一起构成继电保护系统。因此，继电保护系统是保证电力系统和电气设备的安全运行，迅速检出故障或异常情况，并发

出信号或向断路器发跳闸命令，将故障设备从电力系统切除或终止异常运行的一整套设备。

继电保护的任务是通过采集电流、电压等物理量，并通过比较正常运行和故障、异常运行状态的差异反映电力系统元件和电气设备故障，自动、有选择性、迅速地将故障元件或设备切除，保证系统非故障部分继续运行，将故障影响限制在最小范围；反映电力系统的异常运行状态，根据运行维护条件和设备的承受能力，自动发出信号、减负荷或延时跳闸。

二、自动装置

保障电力系统安全经济运行、提高供电可靠性和保证电能质量，电力系统自动装置是必不可少的。电力系统自动装置可分为自动调节装置和自动操作装置。

自动调节装置一般是为了保证电能质量、消除系统异常运行状态等对某些电量实施自动地调节，例如同步发电机励磁自动调节、电力系统频率自动调节等。自动操作装置的作用对象往往是某些断路器，目的是提高电力系统的供电可靠性和保证安全运行，例如备用电源自动投入装置、线路自动重合闸装置、低频减载装置等。还有某些自动操作装置用来提高电力系统的自动化程度，例如发电机自动并列装置等。如需深入了解自动装置，可阅读自动装置章节。

三、二次回路

发电厂、变电站的电气系统，按其作用分为一次系统和二次系统。一次系统是直接生产、传输和分配电能的设备及相互连接的电路。在电能生产和使用的过程中，对一次电力系统的发电、输配电以及用电的全过程进行监视、控制、调节、调度，以及必要时的保护等作用的设备称为二次设备，二次设备及其相互间的连接电路称为二次系统或二次回路。可见，二次回路也是电力系统正常、安全运行的必不可少的部分。

二次系统或二次回路主要包括继电保护、自动装置、测量仪表、控制、信号和操作电源等子系统。

（1）继电保护和自动装置系统。由电流互感器、电压互感器、各种继电保护装置和自动装置、选择开关及其回路接线构成，实现电力系统故障和异常运行时的自动处理。

（2）控制系统。由各种控制开关和断路器、隔离开关等控制对象的操动机构组成，实现对开关设备的就地和远方跳、合闸操作，满足改变一次系统运行方式和故障处理的需要。

（3）测量及监测系统。由各种电气测量仪表、监测装置、切换开关及其回路接线构成，实现指示或记录一次系统和设备的运行状态和参数。

（4）信号系统。由信号发送机构、接收显示元件及其回路接线构成，实现准确、及时显示一次系统和设备的工作状态。

（5）调节系统。由测量机构、传送设备、执行元件及其回路接线构成，实现对某些设备工作参数的调节。

（6）操作电源系统。由直流电源设备和供电网络构成，实现供给以上二次系统工作电源。

第二节　继电保护自动装置的基本要求

电力系统对反映故障、动作于跳闸的继电保护有选择性、快速性、灵敏性、可靠性四个基本要求。对反映异常运行状态、作用于信号的继电保护，则不要求同时满足这四个基本要求，例如快速性要求可以降低。

一、选择性

选择性是指继电保护装置动作时，仅将故障元件或设备切除，使非故障部分继续运行，停电范围尽可能小。

　　继电保护动作具有选择性，要求首先由故障元件或设备本身的保护切除故障，即最靠近故障点的保护和断路器动作。当故障元件或设备本身的保护或断路器拒动时，才允许由相邻元件或设备的保护动作（通常称为后备保护）。这里的保护拒动是指保护应该发出跳闸指令却没有发出，断路器拒动是指断路器收到跳闸指令，但未跳开断路器。所以，选择性有两个含义：第一，应由装设在故障元件或设备上的继电保护动作切除故障；第二，考虑继电保护或断路器存在拒动的可能，由后备保护切除故障时，也应保证停电范围尽可能小。因此，选择性要求系统中的继电保护之间，在动作时必须满足一定的配合关系。以图 4-1 为例，说明继电保护的选择性。

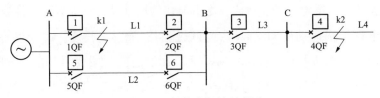

图 4-1　保护选择性说明图

　　当 k1 点发生故障时，应该由保护 1 和保护 2 动作使断路器 1QF 和 2QF 跳闸，切除故障线路 L1，保证系统其他部分继续运行；k2 点发生故障时，应该由保护 4 动作，使断路器 4QF 跳闸，切除故障线路 L4，保证系统其他部分继续运行。故障元件的主保护正确动作，能够将故障范围限制在最小，甚至可以保证所有母线都不停电（例如上述 k1 点故障的情况）是选择性的第一个含义。

　　如果线路 L4 在 k2 点故障，其主保护拒动，则应由线路 L4 的另一套具有后备作用的保护动作，使断路器 4QF 跳闸切除故障，这就是近后备保护；如果线路 L4 的主保护和近后备保护都拒动或断路器 4QF 拒动，则应由上一级线路 L3 的后备保护动作，使断路器 3QF 跳闸切除故障，实现保护 3 对线路 L4 的远后备保护作用。这种当故障时主保护拒动或断路器拒动，由后备保护动作切除故障的保护是选择性的第二个含义。

　　综上所述，继电保护根据所承担的任务分为主保护和后备保护。电力系统故障时，主保护按照电力系统的安全性要求，以最短的时限和最小的停电范围动作切除故障，保证电力系统和设备的安全；后备保护一般动作延时较长，是当主保护拒动或断路器拒动时，以大于主保护的动作时限动作切除故障。近后备保护是在主保护拒动时，由本设备的另一保护实现的后备保护；远后备保护是在主保护和近后备保护都拒动或断路器拒动时，由上一级设备或线路保护实现的后备保护。

可见，继电保护动作的选择性是为了提高供电的可靠性，而继电保护无选择性动作，必将扩大停电范围，带来不应有的损失。

二、快速性

快速性是指继电保护装置应以尽可能快的速度动作切除故障元件或设备。

继电保护快速动作切除故障，可以控制故障影响程度，减少设备损伤，避免造成设备无法修复的损坏；减小故障影响时间，减少用户在低电压情况下的工作时间，避免用户电动机转速严重下降、甚至自启动失败；防止系统稳定性破坏，提高电力系统运行的稳定性。

故障切除时间等于保护装置动作时间和断路器动作时间之和。实际中，应根据具体电网对故障切除时间的不同要求，设计继电保护的动作延时。

三、灵敏性

灵敏性是指继电保护装置对保护范围内故障的反应能力，通常用灵敏系数 K_{sen} 来衡量，也称为灵敏度。

衡量继电保护的灵敏度，需考虑继电保护在保护范围内，应该反映的各种故障类型，即保证在最不利于保护动作的条件下仍能够可靠动作。在被保护元件或设备故障时，保护的灵敏度用保护装置反应的故障参数（例如短路电流）与保护装置的动作参数（例如动作电流）之比表示。

对于反应故障参数上升而动作的过量保护装置，灵敏系数计算式为

$$K_{sen} = \frac{保护范围末发生金属性短路时故障参数的最小计算值}{保护装置的动作参数} \quad (4-1)$$

例如反应故障时电流增大动作的过电流保护，要使保护动作，流过保护的短路电流必须大于保护的动作电流，即灵敏系数必须大于 1。

对于反应故障参数降低而动作的欠量保护装置，灵敏系数计算式为

$$K_{sen} = \frac{保护装置的动作参数}{保护范围末发生金属性短路时故障参数的最小计算值} \quad （4-2）$$

例如反应故障时电压降低动作的低电压保护，要使保护动作，保护安装处的母线残压必须小于保护的动作电压，同样灵敏系数必须大于 1。

式（4-1）和式（4-2）中，故障参数的计算值根据保护类型和保护范围，采用最不利于保护动作的系统运行方式、短路类型和短路点，计算实际可能的最小灵敏度，故式（4-1）用故障参数的最小计算值，式（4-2）用故障参数的最大计算值。在继电保护的相关规程中，对各类保护的灵敏系数都做了具体的规定。

另外，对上、下级保护之间的灵敏性和动作时限还有配合的要求，一般用在后备保护（例如过电流保护）。指下一级保护的灵敏度应高于上一级保护的灵敏度，下一级保护的动作延时应小于上一级保护的动作延时，如图 4-2 所示，各保护的灵敏度之间应满足关系 $K_{sen.1} < K_{sen.2} < K_{sen.3}$，动作时限之间应满足关系 $t_1 > t_2 > t_3$。

继电保护的选择性要求，首先由故障元件或设备本身的保护切除故障，当故障元件或设备本身的保护或断路器拒动时，才允许由上一级相邻元件或设备的保护动作。可见，后备保护灵敏度和动作时限的配合要求是防止上一级相邻元件或设备的保护越级动作跳闸的措施之一，也是保证选择性的条件之一。

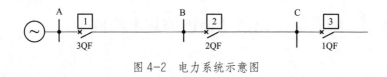

图 4-2 电力系统示意图

四、可靠性

可靠性是指继电保护装置在需要它动作时可靠动作（不拒动），不需要它

动作时可靠不动作（不误动）。继电保护装置应该动作时不拒动称为继电保护的可依赖性，不应该动作时不误动称为继电保护的安全性。

继电保护的可靠性是对继电保护最根本的要求。当电力系统出现故障或异常运行状态时，继电保护必须具有迅速且正确的判断能力，按照预定方案动作；而当电力系统正常时，不能做出错误判断，产生误动作。电力系统常用继电保护的正确动作率衡量其可靠性，表示如下：

$$保护正确动作率 = \frac{保护正确动作次数}{保护实际动作次数 + 保护拒动次数} \times 100\% \quad （4-3）$$

式中，保护实际动作次数包括保护正确动作次数和误动作次数。

继电保护的可靠性主要由配置合理、质量和技术性能优良的继电保护装置，以及运行维护和管理来保证。为了提高继电保护的可靠性，在选择保护装置时，在满足电力系统要求的前提下，尽可能选择简单保护，应力求接线简单、元件性能可靠、回路触点尽可能少。

电力系统对继电保护的四个基本要求，是分析研究继电保护的基础，是设计评价继电保护的依据。四个基本要求既相互依赖又存在矛盾，例如灵敏性是实现保护可靠动作的前提，保护之间灵敏度和动作时限的配合又是选择性的基础，而在某些情况下又不得不牺牲快速性来保证保护的选择性。所以，针对实际问题，需要具体处理基本要求之间的关系，取得合理统一。

电力系统对自动装置的要求，参照以上基本要求。

第三节　继电保护和自动装置的基本构成

继电保护和自动装置虽然形式多样，而且具有不同功能，但就一般情况而言，整套装置总是由测量部分、逻辑部分和执行部分构成。继电保护原理结构框图如图 4-3 所示。

图 4-3 继电保护原理结构框图

一、测量部分

继电保护是利用电力系统正常运行与故障（包括异常状态）时，各运行参数的差别判断故障（或异常运行），因此需要将输入量与鉴别系统运行状态的基准量比较，这个基准量即继电保护动作整定值。

测量部分测量被保护对象的各类运行参数，在故障情况下测得的是故障参数，与给定的整定值进行比较，将比较结果（即对系统运行状态的判断结果）输出给逻辑部分。根据继电保护的实现原理，作为输入量的各类运行参数可能是单一的，如电流、电压等；或者包括多个运行参数，如电流和电压。

二、逻辑部分

电力系统发生故障时，不是所有测量到故障的继电保护都动作使断路器跳闸，而是按照选择性要求有选择地切除故障。

逻辑部分的作用是根据测量部分的输出（可能有不止一个输出），按照继电保护预先设置的逻辑关系进行判断，确定保护是否应该使断路器跳闸或者发出信号，并将判断结果输出给执行部分。继电保护常用的逻辑包括"或""与""否""延时""记忆"等。

三、执行部分

执行部分的作用是根据逻辑部分的输出，完成继电保护发出断路器跳闸命令或信号。例如，针对保护区内的故障，保护发出跳闸命令；针对异常状态，保护发出告警信号。

参考题

一、选择题

1. 对继电保护的基本要求是：（　　）。

A. 快速性、选择性、灵敏性、预防性

B. 安全性、选择性、灵敏性、可靠性

C. 可靠性、选择性、灵敏性、快速性

2. 电力系统自动装置可分为（　　）和自动调节装置两大类。

A. 自动操作装置

B. 同步发电机励磁自动调节装置

C. 电力系统硅整流装置

3. 继电保护装置对保护范围内故障的反应能力称为继电保护的（　　）。

A. 选择性

B. 快速性

C. 灵敏性

二、判断题

1. 继电保护动作时将故障部分切除，使非故障部分继续运行，停电范围尽可能小，这是指保护具有较好的可靠性。（　　）

2. 当继电保护或断路器拒动，由后备保护动作切除故障是指保护具有较好的灵敏性。（　　）

3. 对上、下级保护之间进行灵敏度配合时，下级保护灵敏度应比上级保护灵敏度高。（　　）

电气安全工器具
与安全标识

　　本章主要介绍电气安全工器具的分类及其使用前检查、使用时的注意事项，叙述了各种安全色的含义、安全标志的分类和应用，以及电力工作中常见的个人防护用品种类。

第一节　电气安全工器具及使用

电气安全工器具是在操作、维护、检修、试验、施工等作业中防止发生伤害事故或职业健康危害事件，保障作业人员人身安全所使用的各种专用工具和器具的总称。按其基本作用可分为绝缘安全工器具和一般安全工器具两类。

绝缘安全工器具分为基本绝缘安全工器具和辅助绝缘安全工器具。基本绝缘安全工器具指能直接操作带电设备、接触或可能接触带电体的工器具。辅助绝缘安全工器具指绝缘强度不是承受设备或线路的工作电压，只是用于加强基本绝缘安全工器具的保安作用，用以防止接触电压、跨步电压、泄漏电流对操作人员的伤害，不能用辅助绝缘安全工器具直接接触高压设备带电部分。一般安全工器具指防护工作人员发生事故的工器具。

一、绝缘安全工器具

1. 基本绝缘安全工器具

（1）验电器：验电器是用来检测电气设备是否带电的一种便携式电气安全工具。使用前应检查：①试验合格证应正确、清晰，未超过有效周期。②验电器的工作电压与被试设备电压等级应相符。③验电器自检灯光、音响应正常。④绝缘部分应无污垢、损伤、裂纹，各部分连接可靠。⑤伸缩式验电器应无卡滞现象。使用中的主要注意事项：①验电时工作人员必须戴绝缘手套，手握部位不得越过手持界限或护环。②验电前应先在有电设备上或利用工频高压发生器验证验电器功能是否正常。③验电过程中人体应与带电设备保持规定的安全距离。④验电时应将验电器的金属部分逐渐靠近被测设备，验电器未发出声、光告警，说明该设备已停电。

（2）绝缘操作杆：绝缘操作杆是用于短时间对带电设备进行操作或测量的绝缘工具。主要用于断开和闭合高压隔离开关、跌落式熔断器、安装或拆除临时接地线、进行正常的带电测量和试验等。使用前应检查：①试验合格证应正确、清晰，未超过有效周期。②绝缘杆的电压等级应相符。③绝缘部分表面应清洁，无污垢、损伤、裂纹，各部分连接部位牢固。④绝缘杆的堵头，如发现破损，应禁止使用。使用中的主要注意事项：①操作时工作人员必须戴绝缘手套，穿绝缘靴，手握部位不得越过手持界限或护环。②使用过程中，人体应与带电设备保持规定的安全距离。③下雨、雾或潮湿天气，在室外使用绝缘杆，应装有防雨的伞形罩，下部保持干燥。④绝缘杆不允许水平放置地面。

（3）核相器：核相器用于核对两个电压相同系统的相位，以便两个系统同相并列运行。使用前应检查：①试验合格证应正确、清晰，未超过有效周期。②核相器的电压等级应相符。③绝缘部分表面应清洁，无污垢、损伤、裂纹，各部分连接部位牢固。使用中的主要注意事项：①核相器绝缘杆部分的使用与绝缘操作杆的使用要求相同。②户外使用核相器时要选择良好天气进行。③操作时工作人员必须戴绝缘手套，穿绝缘靴，手握部位不得越过手持界限或护环。④变换测量挡位时，测量杆金属钩应脱离电源，高压绝缘连线不能与人体接触。

（4）绝缘隔板：绝缘隔板由绝缘材料制成，用于隔离带电部件、限制人员活动范围的专用绝缘工具。使用前应检查：①试验合格证应正确、清晰，未超过有效周期。②表面应洁净，端面应无分层或开裂。使用中的主要注意事项：①绝缘隔板只允许在 35kV 及以下电压等级的电气设备上使用，并有足够的绝缘强度和机械强度。②现场带电安放绝缘隔板时，应戴绝缘手套和使用绝缘操作杆操作，与带电设备保持规定的安全距离。

2. 辅助绝缘安全工器具

（1）绝缘手套：绝缘手套是用橡胶制成的五指手套，用于防止泄漏电流和接触电压对人体的伤害。在 1kV 以下可作为基本绝缘安全工具，在高压操作中只能作为辅助绝缘安全工具使用。使用前应检查：①试验合格证应正确、清晰，未超过有效周期。②绝缘手套外观应清洁，橡胶无老化、破损。③将绝缘手套向手指方向卷起，观察应无漏气。漏气的手套严禁使用。使用中的主要注意事项：①使用时上衣袖口套入手套筒口内。②不得接触尖锐物体，不得接触高温或腐蚀性物质。

（2）绝缘靴：绝缘靴是用橡胶制成的用于人体与地面绝缘的靴子。正常作为辅助绝缘安全工具使用，1kV 以下可作为基本绝缘安全工具。使用前应检查：①试验合格证应正确、清晰，未超过有效周期。②绝缘靴橡胶表面应无裂纹、无漏洞、无气泡、无毛刺等。使用中的主要注意事项：①使用时裤管套入靴筒内。②不得接触尖锐物体，不得接触高温或腐蚀性物质。③雨靴不能作为绝缘靴使用，绝缘靴也不能作为雨靴使用或者作为他用。

（3）绝缘垫：绝缘垫是用橡胶制成的具有较大的体积电阻率和耐电击穿的胶垫，用于加强工作人员对地绝缘。绝缘垫出现割裂、破损、厚度减薄禁止使用。应每年定期进行一次耐压试验。每半年要用低温肥皂水清洗一次。

二、一般安全工器具

1. 安全带

安全带与安全绳是防止工作人员高处坠落的个人防护用品。使用前检查：①商标、合格证及试验合格证等应齐全，未超过有效周期。②组件应完整，无短缺、伤残破损。③绳索、编带应无脆裂、断股或扭结。④皮革配件应完好，金属配件无裂纹，焊接无缺陷，无严重锈蚀。⑤挂钩的钩舌咬口应平整不错位，保险装置完整可靠。⑥铆钉无明显偏位、无松动，表面平整。⑦卡环的活动卡子应灵活，锁紧可靠。使用中的主要注意事项：①安全带使用期一般为 3～5 年，发现异常应提前报废。②安全带卡环应具有保险装置。保险带、绳使用长度在 3m 以上的应加缓冲器。③安全带应系在牢固的物体上，禁止系挂在移动或不牢固的物件上，不得系在棱角锋利处。④安全带要高挂和平行拴挂，严禁低挂高用。⑤在杆塔上工作时，应将安全带后备保护绳系在安全牢固的构件上，不得失去后备保护。

2. 安全帽

安全帽是用来保护工作人员头部减少外部冲击伤害的一种安全用具。使用前检查：①安全帽上应有制造厂、商标及型号、许可证编号三项标志。②帽盔应清洁，编号清晰，无裂痕和破损。③帽盔与帽衬连接应可靠，帽衬各个连接部分良好，无断股、抽丝严重现象。④帽带应无断股、抽丝现象，帽带锁紧可靠。⑤近电报警器与帽盔连接应牢固，报警器开关使用可靠，试验按钮良好，音响正常。使用中要将帽箍调整到合适的位置，系好下颌带。

3. 接地线

接地线是将已经停电的设备临时短路接地，以防止工作地点突然来电对工作人员造成伤害的一种安全用具。主要由导线端线夹、短路线、汇流夹、接地引线、接地端线夹、接地操作棒等组成。使用前应检查：①试验合格证应正确、清晰，未超过有效周期。②接地线和个人保安接地线截面积应符合规程规定要求。接地线不得小于 $25mm^2$，个人保安接地线不得小于 $16mm^2$。两者应无断股、锈蚀。③接地线各部分连接部位应牢固，无松动。④接地线绝缘外套无明显破损，已破损处应修复良好。⑤接地线绝缘手柄应良好无破损。⑥接地线夹具应满足短路容量的要求，无油漆等绝缘物质。线夹应良好，钳口弹簧弹力正常，舌板与线夹导流软线连接良好，无断股。⑦接地线的编号牌编号应清晰。使用中的主要注意事项：①装设接地线应由两人进行，一人操作，一人监护。②装拆接地线应戴绝缘手套。③验电证实无电后，应立即装设接地线并保证接触良好。④装设接地线，应先装设接地线接地端，拆除接地线的顺序与此相反。⑤装设接地线时，人体不得触碰接地线或未接地的导线。⑥现场装设的接地线编号应与工作票或操作票所列内容一致。⑦在线路上工作，杆塔没有接地引下线时，可以用临时接地棒当作临时接地点，接地棒的埋入深度不小于 0.6m。

4. 遮栏

遮栏分为固定遮栏和临时遮栏两种，其作用是把带电体同外界隔离开来，装设遮栏应牢固，并悬挂各种不同的警告标示牌，遮栏高度不应低于 1.7m。

5. 正压式空气呼吸器

正压式空气呼吸器用于扑救电缆火灾，防止有毒气体对人体的伤害。使用前检查：①面具的完整性和气密性。②面罩密合框应与人体面部密合良好，无明显压痛感。使用中的主要注意事项：①佩戴时先背上肩带，慢慢拧开两个气瓶开关，再戴上面具，最后系紧腰带。②使用中应注意有无泄漏。正压式空气呼吸器应存放在干燥、清洁和避免阳光直射的地方。

三、登高工具

1. 脚扣

脚扣攀登电杆和支撑杆上人员作业的主要登高工具。使用前检查：①编号应清晰，试验合格证正确、清晰，未超过有效周期。②脚扣应完整无缺，金属部分无变形，焊接部分无裂纹。③脚套皮带应完好，无变形或老化。④橡胶防滑条应无破损、老化。⑤活动钩滑动灵活。使用中的主要注意事项：①系牢皮带。②登杆前进行冲击试验。③登杆过程中根据杆径及时调整活动钩，使用合适的尺寸。④攀登时两只脚扣不得碰撞。

2. 梯子

梯子是常用的登高作业工具。使用前检查：①本体应无破损、开裂现象。②底脚护套应良好。③在距梯顶 1m 处应有限高标志。④梯子应能承受工作人员携带工具攀登时的总重。使用中的主要注意事项：①在变、配电站内带电区域及邻近带电线路处，禁止使用金属梯。②靠在管子上、导线上使用梯子时，其上端需用挂钩挂住或用绳索绑牢。在通道上使用梯子时，应有专人监护或设置临时围栏。在门、窗的四周使用梯子时，应采取防止门、窗突然开启的措施，以防关门窗撞倒梯子。③梯子应放置稳固，梯子与地面的夹角应为 65° 左右为宜，梯脚要有防滑装置。④使用前应先进行试登，确认可靠后方可使用。攀爬时，应面向梯子。⑤工作人员必须站在限高标志及以下的踏板上工作。使用折梯时，禁止站或坐在顶阶上。⑥有人员在梯子上工作时应有人扶持和监护，并只允许一个人在梯子上工作。⑦人在梯子上时，严禁移动梯子，严禁上下抛掷工具、材料。⑧人字梯应具有坚固的铰链和限制开度的拉链。⑨搬动梯子时，应放倒两人搬运。

第二节　安全标志标识

一、安全色

安全色是传递安全信息含义的颜色，表示禁止、警告、指令、提示等意义。正确使用安全色，可以使人员能够对威胁安全和健康的物体和环境尽快做出反应；迅速发现或分辨安全标志，及时得到提醒，以防止事故、危害发生。

我国已制订了安全色国家标准。规定用红、黄、蓝、绿四种颜色作为全国通用的安全色。四种安全色的含义和用途如下：

红色传递禁止、停止、危险或提示消防设备、设施的信息，表示禁止、停止、消防和危险的意思。禁止、停止和有危险的器件设备或环境涂以红色的标记，如禁止标志、交通禁令标志、消防设备、停止按钮和停车、刹车装置的操纵把手、仪表刻度盘上的极限位置刻度、机器转动部件的裸露部分、液化石油气槽车的条带及文字、危险信号旗等。

黄色传递注意、警告的信息，表示注意、警告的意思。需警告人们注意的器件、设备或环境涂以黄色标记，如警告标志、交通警告标志、道路交通路面标志、皮带轮及其防护罩的内壁、砂轮机罩的内壁、楼梯的第一级和最后一级的踏步前沿、防护栏杆及警告信号旗等。

蓝色传递必须遵守规定的指令性信息，表示指令、必须遵守的规定。如指令标志、交通指示标志等。

绿色传递安全的提示性信息，表示通行、安全和提供信息的意思。可以通行或安全情况涂以绿色标记，如表示通行、机器启动按钮、安全信号旗等。

黑、白两种颜色一般作为安全色的对比色，主要用做上述各种安全色的背景色，例如安全标示牌上的底色一般采用白色或黑色。

在电力系统中相当重视色彩对安全生产的影响，色彩标志比文字标志明显，不易出错。在变电站工作现场，安全色更是得到广泛应用。例如：各种控制屏特别是主控制屏，用颜色信号灯区别设备的各种运行状态，值班人员根据不同色彩信号灯可以准确地判断各种不同运行状态。

在电气上用黄、绿、红三色分别代表 A、B、C 三个相序，涂成红色的电器外壳是表示其外壳有电，灰色的电器外壳是表示其外壳接地或接零，线路上蓝色代表工作零线，明敷接地扁钢或圆钢涂黑色。用黄绿双色绝缘导线代表保护零线，直流电中红色代表正极，蓝色代表负极，信号和警告回路用白色。

二、安全标志

根据 GB 2894—2008《安全标志及其使用导则》规定，安全标志是用以表达特定安全信息的标志，由图形符号、安全色、几何形状（边框）或文字构成。安全标志是向人们警示工作场所或周围环境的危险状况，指导人们采取合理行为的标志。安全标志不仅类型要与所警示的内容相吻合，而且设置位置要正确合理，否则难以真正充分发挥其警示作用。

安全标志分为禁止标志、警告标志、指令标志和提示标志四大类型。下面就输配电常用的安全标志进行说明。

1. 禁止标志

禁止标志是禁止人们不安全行为的图形标志，其含义是禁止或制止人们想要做的某种动作。禁止标示牌的基本形式是长方形衬底板，上方是带斜杠的圆边框的禁止标志，下方为矩形文字辅助标志。禁止标示牌长方形衬底色为白色，圆形斜杠为红色，禁止标志符号为黑色，文字辅助标志为红底白字。

常见的禁止标志主要有：禁止烟火、禁止攀登、高压危险、禁止合闸、线路有人工作、禁止吸烟、未经许可不得入内、施工现场禁止通行等。电缆标志桩和电缆标示牌（下有电缆，严禁开挖）属于禁止标志。

2. 警告标志

警告标志是提醒人们对周围环境引起注意，以避免可能发生危险的图形标志，其含义是促使人们提高对可能发生危险的警惕性。警告标示牌的基本形式是长方形衬底牌，上方是正三角形边框的警告标志，下方为矩形文字辅助标志。警告标示牌长方形衬底色为白色，正三角形衬底色为黄色，正三角形及标志符号为黑色，衬底矩形文字辅助标志为黑框字体，白底黑字。

常见的警告标志主要有：止步高压危险、当心触电、当心坠落、当心落物、当心电缆等。

3. 指令标志

指令标志是强制人们必须做出某种动作或采用防范措施的图形标志，其含义是强制人们必须做出某种动作或采取防范措施。指令标志的基本形式是一长方形衬底牌，上方是圆形边框的指令标志，下方为矩形文字辅助标志。指令标示牌长方形衬底色为白色，圆形衬底色为蓝色，标志符号为白色，矩形文字辅助标志为蓝底白字。

常见的指令标志主要有：必须戴安全帽、必须系安全带、注意通风等。

4. 提示标志

提示标志是向人们提供某种信息（如标明安全设施或场所等），其含义是向人们提供某种信息的图形标志。提示标示牌的基本形式是正方形底牌，内为正方形边框的提示标志。提示标志圆形为白色，黑字，衬底为绿色。

常见的提示标志主要有：从此上下、在此工作等。电缆地面走向标示牌属于提示标志。

提示标志提示目标的位置时要加方向辅助标志。按实际需要指示左向时，辅助标志应放在图形标志的左方；指示右向时，辅助标志应放在图形标志的右方。

5. 文字辅助标志

文字辅助标志是对前述四种标志的补充说明，以防误解。

文字辅助标志的基本型式是矩形边框。文字辅助标志有横写和竖写两种形式。

横写时，文字辅助标志写在标志的下方，可以和标志连在一起，也可以分开。禁止标志、指令标志为白色字，警告标志为黑色字；禁止标志、指令标志衬底为标志的颜色，警告标志衬底为白色。

竖写时，文字辅助标志写在标志杆上部，均为白色衬底，黑色字。标志杆下部色带的颜色应和标志的颜色相一致。

第三节　个人防护用品

个人防护用品是指在生产作业过程中使劳动者免遭或减轻事故和职业危害因素的伤害而使用的各种用品的总称，直接对人体起到保护作用，是劳动保护的重要措施之一，是施工生产过程中不可缺少的、必备的防护手段。一定要根据作业现状正确地使用个人防护用品，确保作业安全健康。

电力工作中常见的个人防护用品主要分为：绝缘防护用品、坠落防护用品、头部（眼耳口鼻）防护用品、身体（躯干）防护用品、手部防护用品、足部防护用品。

一、绝缘防护用品：带电作业防护服、绝缘服、绝缘网衣、绝缘肩套、绝缘手套、绝缘鞋（靴）、带电作业皮革保护手套、绝缘安全帽等。

二、坠落防护用品：包括安全带、速差自控器、缓冲器、安全自锁器、抓绳器、高空防坠落装置、安全防护网、安全绳等。

三、头部（眼耳口鼻）防护用品：头部防护有各式安全帽；眼脸部防护有防护口罩、防电弧面罩、焊接面罩、防护眼镜、防护面屏；听力防护有各种防护耳塞；呼吸防护有各种防毒面具、空气呼吸器等。

四、身体（躯干）防护用品：防电弧服、专业防护服（包括 SF_6、透气、避火隔热、防化等）、反光标志工作服等。

五、手部防护用品：专业防护手套（防滑、防割、防冻、防化、耐高温等）等。

六、足部防护用品：绝缘靴、绝缘鞋、专业防护鞋等。

参考题

一、选择题

1. 安全带使用期一般为（　　）年，发现异常应提前报废。

A. 3～5　　　　　B. 1～2　　　　　C. 6

2. 保险带、绳使用长度在（　　）m 以上的应加缓冲器。

A. 2　　　　　　B. 5　　　　　　C. 3

3. 下列标志中属于禁止标志的是（　　）。

A. 禁止合闸，线路有人工作

B. 止步，高压危险

C. 必须戴安全帽

4. 安全色中表示注意、警告的意思的是（　　）。

A. 红色　　　　　B. 黄色　　　　　C. 绿色

5. 明敷接地扁钢或圆钢涂成（　　）。

A. 灰色　　　　　B. 黑色　　　　　C. 蓝色

6. 遮栏高度不应低于（　　）m。

A. 1.7　　　　　B. 2.0　　　　　C. 1.5

7. 在距梯顶（　　）m 处应有限高标志。

A. 1　　　　　　B. 1.2　　　　　C. 1.5

8. 绝缘隔板只允许在（　　）kV 及以下电压等级的电气设备上使用。

A. 10　　　　　B. 35　　　　　C. 110

二、判断题

1. 验电器使用前应检查验电器的工作电压与被试设备电压等级相符。(　　)

2. 指令标志和交通指示标志用蓝色表示。(　　)

3. 安全带可以高挂和平行拴挂,也可低挂高用。(　　)

4. 搬动梯子时,应放倒两人搬运。(　　)

5. 安全帽使用前应检查近电报警器与帽盔连接应牢固,报警器开关使用可靠,试验按钮良好,音响正常。(　　)

6. 接地线截面积不得小于 $16mm^2$,个人保安接地线不得小于 $25mm^2$。(　　)

7. 正压式空气呼吸器应存放在干燥、清洁和避免阳光直射的地方。(　　)

8. 常见的指令标志主要有:必须戴安全帽、必须系安全带、从此上下、注意通风等。(　　)

9. 下雨、雾或潮湿天气,在室外使用绝缘杆,应装有防雨的伞形罩,下部保持干燥。(　　)

10. 绝缘靴使用时裤管套入靴筒内。(　　)

线路保护

　　本章首先介绍继电保护常用继电器，接着介绍线路保护原理，包括反应相间短路的三段式电流保护、用于中性点直接接地系统的反映单相接地故障的阶段式零序电流保护、用于中性点不接地系统的单相接地保护和绝缘监察、接地选线装置，还简要介绍了可以用于输电线路的距离保护和纵差动保护。

第一节 常用继电器

一、电流继电器

在继电保护装置中，电流继电器作为测量和启动元件，当反应电流增大超过某一整定数值时会动作。电流继电器接在电流互感器的二次侧，因此可以反应电力系统故障或异常运行时的电流异常增大。

电流继电器反应电流增大而动作，能够使继电器开始动作的最小电流称为电流继电器的动作电流；继电器动作后，再减小电流，使继电器返回原始状态的最大电流称为电流继电器的返回电流。返回电流与动作电流之比称为电流继电器的返回系数，即

$$K_{re} = \frac{I_{re}}{I_{act}} \qquad (6-1)$$

式中　I_{act}——电流继电器的动作电流；

　　　I_{re}——电流继电器的返回电流；

　　　K_{re}——电流继电器的返回系数。

由电流继电器的动作原理可知，电流继电器的动作电流恒大于返回电流，显然电流继电器的返回系数恒小于1，一般不小于0.85。

电流继电器的文字符号和图形符号如表6-1所示。当通入电流继电器线圈的电流增大到继电器的动作电流时，继电器动作，动合触点闭合；当电流减小达到继电器的返回电流时，继电器返回，动合触点打开。

表6-1 继电器的文字符号和图形符号

继电器名称	文字符号	图形符号
电流继电器	KA	
过电压继电器	KV	$U >$
低电压继电器	KV	$U <$
时间继电器	KT	t
中间继电器	KM	

二、电压继电器

电压继电器反应电压变化而动作，分为过电压继电器和低电压继电器两种。电压继电器接在电压互感器的二次侧，因此可以反应电力系统故障或异常运行时的电压异常变化。

过电压继电器反应电压增大而动作，动作电压、返回电压和返回系数的概念与电流继电器类似。能够使继电器开始动作的最小电压称为过电压继电器的动作电压；继电器动作后减小电压，使继电器返回到原始状态的最大电压称为过电压继电器的返回电压；返回电压与动作电压之比称为过电压继电器的返回系数，显然其返回系数也恒小于1。

低电压继电器反应电压降低而动作，能够使继电器开始动作的最大电压称为低电压继电器的动作电压；继电器动作后升高电压，使继电器返回到原始状态的最小电压称为低电压继电器的返回电压；同样返回电压与动作电压

之比称为返回系数，即

$$K_{re} = \frac{I_{re}}{U_{act}}$$ （6-2）

式中　U_{act}——低电压继电器的动作电压；

　　　U_{re}——低电压继电器的返回电压；

　　　K_{re}——低电压继电器的返回系数。

由低电压继电器的动作原理可知，其动作电压恒小于返回电压，显然低电压继电器的返回系数恒大于 1。

电压继电器的文字符号和图形符号如表 6-1 所示。对于低电压继电器，当加入继电器线圈的电压降低到继电器的动作电压时，继电器动作，动断触点闭合；当电压升高达到继电器的返回电压时，继电器返回，动断触点打开。可见，低电压继电器的动作、返回过程与电流继电器或过电压继电器正好相反。

三、时间继电器

时间继电器在继电保护中用作时间元件，用于建立继电保护需要的动作延时。因此对时间继电器的要求是动作时间必须准确。

时间继电器的文字符号和图形符号如表 6-1 所示。时间继电器电源一般是直流电源操作的，当继电器线圈接通直流电源时，继电器启动，但只有达到预先整定的时间延时，其延时动合触点才闭合，接通后续电路。

四、中间继电器和信号继电器

在继电保护中，中间继电器用于增加触点数量和触点容量，所以中间继电器一般带有多副触点，可能同时具有动合触点和动断触点，其触点容量较大。

有的中间继电器具有触点延时闭合或延时打开的功能，可以用于建立继电保护需要的短延时；有的中间继电器具有自保持功能，可以实现电流自保

持或电压自保持。中间继电器的文字符号和带有动合触点的中间继电器图形
符号如表 6-1 所示。中间继电器可增大保护固有动作时间，避免避雷器放电
造成保护误动。

信号继电器用于发出继电保护动作信号，便于值班人员发现事故和统计
继电保护动作次数。信号继电器的文字符号是 KS。根据需要将信号继电器串
联或并联接入二次回路，分别应选择串联电流型信号继电器、并联电压型信
号继电器。

在微机保护中，电流、电压继电器由软件算法实现，触点可理解为逻
辑电平；时间继电器由计数器实现，通过对计数脉冲进行计数获得需要的
延时。

第二节　相间短路的阶段式电流保护

相间短路仅考虑两相短路和三相短路的情况。电力系统发生相间短路的
主要特征是电流明显增大，利用这一特点可以构成反应电流增大的阶段式电
流保护。

一、瞬时电流速断保护

1. 瞬时电流速断保护的工作原理

从故障切除时间考虑，原则上继电保护的动作时间越短越好，即在被保
护元件或设备上装设快速保护，瞬时电流速断保护就是这样的快速保护。

瞬时电流速断保护对流经线路的电流进行采样，并将采样电流与保护装
置预先设置好的电流参数进行比较，当线路电流大于保护装置预设的电流参
数时，瞬时动作（0s 动作），切断故障线路。下面用图 6-1 所示单电源线路，
说明瞬时电流速断保护的工作原理。

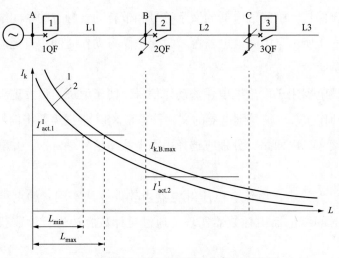

图 6-1　瞬时电流速断保护工作原理示意图

对于图 6-1 所示单侧有电源的辐射形电网，电流保护装设在线路的始端，当线路上发生三相短路时，短路电流计算如下：

$$I_k^{(3)} = \frac{E_\phi}{X_s + X_k} \qquad (6-3)$$

式中　E_ϕ——系统等效电源的相电动势；

　　　X_s——系统电源到保护安装点的电抗；

　　　X_k——短路电抗（保护安装点到短路点的电抗）。

$X_s + X_k$ 为系统电源至短路点之间的总电抗。当短路点距离保护安装点越远时，X_k 越大，短路电流越小；当系统电抗越大时，短路电流越小。而且短路电流与短路类型有关，同一点 $I_k^{(3)} > I_k^{(2)}$。短路电流与短路点的关系如图 6-1 的 $I_k = f(L)$ 曲线，曲线 1 为最大运行方式（系统电抗最小，记为 $X_{s.min}$，短路时出现最大短路电流）下三相短路故障时的 $I_k = f(L)$，曲线 2 为最小运行方式（系统电抗最大，记为 $X_{s.max}$，短路时出现最小短路电流）下两相短路故障时的 $I_k = f(L)$。

瞬时电流速断保护反应线路故障时电流增大而动作，根据保护选择性要求，必须保证在被保护线路上发生短路时，保护才动作；而当相邻线路上发生短路时，保护不应动作。

以图 6-1 的瞬时电流速断保护 1 为例，当本线路 L1 末端短路时，希望保护 1 能够瞬时动作切除故障，而当相邻线路 L2 的始端短路时，按照选择性的要求，保护 1 就不应该动作，而应由保护 2 动作切除。但是实际上，L1 末端和相邻线路 L2 始端短路时，通过保护 1 的短路电流的数值几乎是一样的。因此，希望 L1 末端短路时保护 1 动作，而 L2 始端短路时又不动作的要求就不能同时得到满足。为解决这个矛盾，通常做法是提高保护 1 的动作电流参数（又称为按躲开下一条线路出口处的短路电流），这样就能够解决保护选择性的问题，但同时会导致保护 1 的保护范围缩短。

2. 整定计算

一般把对继电保护装置动作值、动作时间的计算和灵敏度的校验称为继电保护整定计算，将计算条件称为整定原则。

按照选择性要求，图 6-1 中保护 1 的动作电流，应该大于线路 L2 始端短路时的最大短路电流。实际上，线路 L2 始端短路与线路 L1 末端短路时反应到保护 1 的短路电流几乎没有区别，因此，线路 L1 的瞬时电流速断保护动作电流的整定原则为：躲过本线路末端短路的可能出现的最大短路电流，计算如下：

$$I_{\text{act}.1}^{\text{I}} = K_{\text{rel}}^{\text{I}} I_{\text{k.B.max}}^{(3)} \tag{6-4}$$

式中　$I_{\text{act}.1}^{\text{I}}$——线路 L1 的瞬时电流速断保护一次动作电流；

$K_{\text{rel}}^{\text{I}}$——瞬时电流速断保护的可靠系数，考虑短路电流的计算误差、测量误差、短路电流非周期分量等因素对保护的影响，一般取 $K_{\text{rel}}^{\text{I}}$ = 1.2~1.3；

$I_{\text{k.B.max}}^{(3)}$——系统最大运行方式下，在线路 L1 末端（母线）发生三相短路时流过保护 1（即线路 L1）的短路电流。

按照式（6-4）计算出保护 1 的动作电流与短路电流的关系如图 6-1 所示，动作电流与短路电流曲线的交点确定了保护能够反应故障的范围，即保护范围。可见，由于短路电流与系统的运行方式和短路类型有关，当系统运行方式变化或短路类型不同时，保护范围随之发生变化，因此有最小保护范围 $L_{\min}$ 和最大保护范围 $L_{\max}$。

瞬时电流速断保护的灵敏度用最小保护范围衡量。规程规定：瞬时电流速断保护的最小保护范围 $L_{\min}$ 不小于本线路全长的 15% ~ 20%。

在某些特殊情况下，瞬时电流速断保护可以保护线路的全长，即保护范围可以延伸到本线路以外。如图 6-2 所示，通过线路 - 变压器组接线直接向负荷供电，不论故障是发生在线路还是变压器，都应该使断路器 QF 跳闸，将线路和变压器同时切除。因此，保护 1 瞬时电流速断保护动作电流的整定原则，可以按照躲过变压器低压侧母线短路时，流过保护的最大短路电流整定，结果其保护范围必然延伸到变压器内部，即可以保护线路 L 的全长。

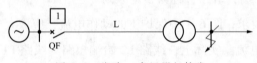

图 6-2　线路 - 变压器组接线

3. 原理接线图

瞬时电流速断保护的原理接线如图 6-3 所示。图中电流继电器 KA1 和 KA2 是保护的测量元件，保护范围内相间短路故障时动作，动合触点闭合，启动中间继电器 KM。

中间继电器是保护的执行元件（也称为保护的出口继电器），动作后动合触点闭合，经信号继电器 KS 线圈和断路器 QF 的辅助触点，使断路器跳闸线圈 YR 带电，断路器 QF 跳闸切除故障，同时信号继电器发出保护动作信号。

图中 XB 是保护出口连接片（或称为压板），用于投入或退出保护时接通或断开保护的出口回路。

图中中间继电器 KM 的作用有二：其一，增加触点容量、接通断路器的跳闸回路；其二，增大保护的固有动作时间，避免避雷器放电造成保护误动。

图中断路器 QF 的辅助触点的状态与断路器 QF 主触头状态相同。在保护动作断路器 QF 跳闸后，辅助触点打开，断开跳闸回路，避免跳闸线圈 YR 长时间通电而烧坏，同时避免用中间继电器 KM 触点断开跳闸回路，起到保护中间继电器 KM 触点的作用。

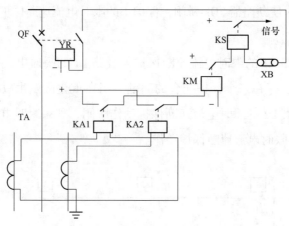

图 6-3　瞬时电流速断保护原理接线

瞬时电流速断保护的主要优点是动作迅速、简单可靠，缺点是不能保护线路的全长，并且保护范围受系统运行方式影响。在最小运行方式下，其保护范围可能很小，严重时可能没有保护区。

二、限时电流速断保护

1. 限时电流速断保护的工作原理

瞬时电流速断保护的保护范围不能达到线路的全长，在本线路末端附近发生短路时不会动作，因此需要增设另一套保护，用于反应本线路瞬时电流速断保护范围以外的故障，同时作为瞬时电流速断保护的后备，这就是限时电流速断保护。对限时电流速断保护的要求是，其保护范围在任何情况下必须包括本线路的全长，并具有规定的灵敏度，同时，在保证选择性的前提下，动作时间最短。

如图 6-4 所示,说明限时电流速断保护的工作原理。以线路 L1 的保护 1 为例,限时电流速断保护的保护范围需包括本线路 L1 的全长,则必然延伸到相邻线路 L2,但不应超出保护 2 的瞬时电流速断保护的保护范围,即 $I_{\text{act}.1}^{\text{II}} > I_{\text{act}.2}^{\text{I}}$,显然,保护 1 的限时电流速断保护的保护范围,与保护 2 的瞬时电流速断保护的保护范围出现重叠区。为了保证保护的选择性,即在线路 L2 始端短路时,仍然由保护 2 动作使断路器 2QF 跳闸,保护 1 的限时电流速断保护必须增加动作延时,即 $t_{\text{act}.1}^{\text{II}} > t_{\text{act}.2}^{\text{I}}$。

同时,线路 L1 的限时电流速断保护与线路 L1 的瞬时电流速断保护范围也有重叠区,也存在一个保护配合的问题。当在重叠区发生故障时,这两个保护都启动,由 L1 的瞬时电流速断保护动作跳闸,如果瞬时电流速断保护拒动,则由 L1 的限时电流速断保护动作。

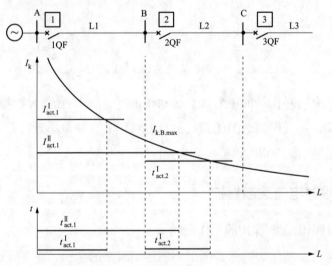

图 6-4 限时电流速断保护的工作原理示意图

2. 整定计算

（1）动作电流。

线路 L1 的限时电流速断保护动作电流的整定原则为:与相邻下级线路瞬时电流速断保护配合。计算如下:

$$I_{\text{act.1}}^{\text{II}} = K_{\text{rel}}^{\text{II}} I_{\text{act.2}}^{\text{I}} \qquad (6-5)$$

式中　$I_{\text{act.1}}^{\text{II}}$——线路 L1 的限时电流速断保护的一次动作电流；

　　　$K_{\text{rel}}^{\text{II}}$——限时电流速断保护的可靠系数，考虑短路电流的计算误差、测量误差等因素对保护的影响，一般取 $K_{\text{rel}}^{\text{II}} = 1.1 \sim 1.2$；

　　　$I_{\text{act.2}}^{\text{I}}$——相邻线路 L2 瞬时电流速断保护的一次动作电流。

按照式（6-5）计算出保护 1 的限时电流速断保护的动作电流、保护 2 的瞬时电流速断保护的动作电流，关系如图 6-4 所示。

需要指出的是，如果下级线路不止一条，即有分支，在整定电流 II 段动作电流时，必须考虑分支电路的影响。

（2）动作时间。

线路 L1 的限时电流速断保护动作时间，应与线路 L2 的瞬时电流速断保护动作时间配合，整定如下：

$$t_{\text{act.1}}^{\text{II}} = t_{\text{act.2}}^{\text{I}} + \Delta t \qquad (6-6)$$

式中　$t_{\text{act.1}}^{\text{II}}$——线路 L1 的限时电流速断保护的动作时间；

　　　$t_{\text{act.2}}^{\text{I}}$——线路 L2 的瞬时电流速断保护的动作时间；

　　　Δt——时限级差。

由图 6-4 可见，线路 L2 始端一定范围内发生故障时，短路电流同时大于 $I_{\text{act.1}}^{\text{II}}$ 和 $I_{\text{act.2}}^{\text{I}}$，能够使保护 1 限时电流速断保护启动、保护 2 瞬时电流速断保护动作。而此时应由保护 2 的瞬时电流速断保护动作，断路器 2QF 跳闸，当其拒动时，才允许保护 1 的限时电流速断保护动作。断路器 2QF 跳闸后，保护 1 限时电流速断保护应可靠返回。因此，时限级差 Δt 具体应该包括瞬时电流速断保护固有动作时间、断路器分闸时间、保护动作时间误差等，再考虑一定的时间裕度，一般取 $\Delta t = 0.5\text{s}$。

$t_{\text{act.1}}^{\text{II}}$ 与 $t_{\text{act.2}}^{\text{I}}$ 关系如图 6-4 所示，一般 $t_{\text{act.2}}^{\text{I}} = 0\text{s}$，所以 $t_{\text{act.1}}^{\text{II}} = \Delta t = 0.5\text{s}$。

（3）灵敏度。

限时电流速断保护的保护范围是本线路的全长，则灵敏度应该考虑系统的各种运行方式下，保护对全线路范围内各种故障的反应能力，选择对保护动作最不利的情况进行校验。

限时电流速断保护的灵敏度校验条件为：以本线路末端两相短路时，流过保护的最小短路电流进行校验。图 6-4 中保护 1 限时电流速断保护的灵敏系数计算如下：

$$K_{sen}^{II} = \frac{I_{k.B.min}^{(2)}}{I_{act.1}^{II}} \qquad (6-7)$$

式中　K_{sen}^{II}——限时电流速断保护的灵敏系数，规程要求 $K_{sen}^{II} > 1.3 \sim 1.5$；

　　　$I_{act.1}^{II}$——限时电流速断保护的一次动作电流；

　　　$I_{k.B.min}^{(2)}$——系统最小运行方式下，本线路末端母线（即 B 母线）两相短路时，流过保护的短路电流。

如果按式（6-7）校验灵敏度不满足规程要求，则限时电流速断保护达不到保护线路全长的目的。由式（6-7）可知，减小保护的动作电流可以提高灵敏度，所以通常解决灵敏度不足的方法是，限时电流速断保护的动作电流及动作时间与相邻线路的限时电流速断保护配合，例如图 6-4 中保护 1 具体整定如下：

$$t_{act.1}^{II} = K_{rel}^{II} I_{act.2}^{II} \qquad (6-8)$$

$$t_{act.1}^{II} = t_{act.2}^{II} + \Delta t \qquad (6-9)$$

式中　$I_{act.1}^{II}$——线路 L1 的限时电流速断保护的一次动作电流；

　　　K_{rel}^{II}——限时电流速断保护的可靠系数，一般取 $K_{rel}^{II} = 1.1 \sim 1.2$；

　　　$I_{act.2}^{II}$——相邻线路 L2 限时电流速断保护的一次动作电流；

　　　$t_{act.1}^{II}$——线路 L1 的限时电流速断保护的动作时间；

　　　$t_{act.2}^{II}$——线路 L2 的限时电流速断保护的动作时间；

　　　Δt——时限级差。

3. 原理接线图

限时电流速断保护的原理接线如图 6-5 所示（与图 6-3 相比较，相当于用 KT 代替了 KM）。图中电流继电器 KA1 和 KA2 是保护的测量元件，保护范围内相间短路故障时动作，动合触点闭合，启动时间继电器 KT。时间继电器是保护的逻辑及执行元件，启动后动合触点延时闭合，经信号继电器 KS 线圈和断路器 QF 的辅助触点，使断路器跳闸线圈 YR 带电，断路器 QF 跳闸切除故障，同时信号继电器发出保护动作信号。

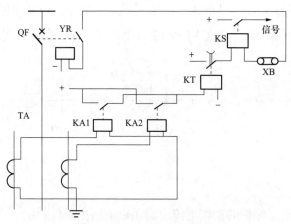

图 6-5　限时电流速断保护原理接线

显然当电流继电器 KA1 或 KA2 动作，启动时间继电器 KT 后，如果在其整定时间内故障被其他保护动作切除，那么，在时间继电器延时动合触点闭合之前，电流继电器 KA1 或 KA2 由于故障电流消失而返回，时间继电器也随之失去电源返回，则整套保护不会动作出口。这就是在相邻线路始端发生故障的情况。

限时电流速断保护的特点是能够保护线路的全长，简单可靠，一般只有 0.5s 延时（有时为 1s），但保护范围受系统运行方式影响。

三、定时限过电流保护

1. 定时限过电流保护的工作原理

综合瞬时电流速断保护和限时电流速断保护的作用，可以对全线路范围内的任何故障实现瞬时或较短延时地切除故障。为了防止出现由于继电保护拒动或断路器拒动无法切除故障的情况，还需要装设具有近后备和远后备作用的后备保护，定时限过电流保护就是这样的后备保护。

如图 6-6 所示，在保护 1 瞬时电流速断保护和限时电流速断保护拒动时，线路 L1 的定时限过电流保护作为本线路的近后备保护，动作于跳闸；同时作为下一段相邻线路的远后备保护，在保护 2 拒动或断路器 2QF 拒动时动作。显然，线路 L1 的定时限过电流保护的保护范围应该包括线路 L1 和 L2 的全部，必然延伸到线路 L3。保护范围长，动作电流必然较小，但必须保证在系统正常运行最大负荷时不动作，而在 L1 或 L2 发生短路时保护启动，实现后备作用。

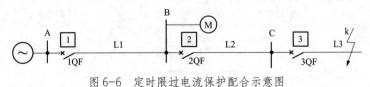

图 6-6　定时限过电流保护配合示意图

2. 整定计算

（1）动作电流。

定时限过电流保护的动作电流应满足以下两个条件：

1）在系统正常运行时不动作，动作电流应该大于该线路的最大负荷电流，即

$$I_{act}^{III} > I_{1.max} \tag{6-10}$$

2）外部故障切除后，应能够可靠返回。例如图 6-6 中，线路 L2 或 L3 上故障时，线路 L1 定时限过电流保护会启动，按照选择性要求，应由线路 L2 或 L3 的保护动作，在 2QF 或 3QF 跳闸后，故障电流消失，线路 L1 定时限过电流保护应立即返回。注意，此时需要考虑可能存在负荷中电动机自启动过程造成的负荷电流增大，所以应满足关系：

$$I_{act}^{III} > K_{SS} I_{1.max} \tag{6-11}$$

式中　K_{SS}——电动机的自启动系数，一般为 1.5 ~ 3。

综合考虑式（6-10）和式（6-11），定时限过电流保护的动作电流整定为

$$I_{act}^{III} = \frac{K_{rel}^{III}}{K_{re}} K_{SS} I_{1.max} \tag{6-12}$$

式中　I_{act}^{III}——定时限过电流保护的一次动作电流；

　　　K_{rel}^{III}——定时限过电流保护的可靠系数，一般取 $K_{rel}^{III} = 1.15 ~ 1.25$；

　　　K_{re}——电流继电器的返回系数，一般取 0.85；

$I_{1.max}$——流过被保护线路的最大负荷电流。

确定最大负荷电流，需要根据具体电网的实际情况，考虑最严重情况下，可能出现的最大负荷电流。

考虑到上、下级过电流保护灵敏度配合要求，图 6-6 所示定时限过电流保护的动作电流，应满足关系 $I_{act.1}^{III} > I_{act.2}^{III} > I_{act.3}^{III}$。

（2）动作时间。

如图 6-7 所示，当 k1 点发生故障时，保护 1 和保护 2 的定时限过电流继电器同时启动，按照继电保护选择性要求，此时应该由保护 2 动作，使断路器 2QF 跳闸，在保护 2 或断路器 2QF 拒动时，才允许保护 1 动作，使断路器 1QF 跳闸，即保护 1 和保护 2 定时限过电流保护的动作时间应该满足关系 $t_{act1}^{III} > t_{act2}^{III}$。

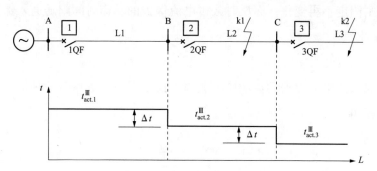

图 6-7　定时限过电流保护动作时间整定示意图

同理，当 k2 点发生故障时，应由保护 3 动作，使断路器 3QF 跳闸，在保护 3 或断路器 3QF 拒动时，才允许保护 2 动作，使断路器 2QF 跳闸，即按照继电保护选择性要求，保护 2 和保护 3 定时限过电流保护的动作时间应该满足关系 $t_{act.2}^{III} > t_{act.3}^{III}$。

线路 L1、L2 和 L3 的定时限过电流保护动作时间整定如下：

$$t_{act.1}^{III} = t_{act.2}^{III} + \Delta t \qquad (6-13)$$

$$t_{act.2}^{III} = t_{act.3}^{III} + \Delta t \qquad (6-14)$$

式中　$t_{act.1}^{III}$、$t_{act.2}^{III}$、$t_{act.3}^{III}$——线路 L1、L2 和 L3 的定时限过电流保护的动作时间；

Δt——时限级差。

由以上整定原则可见，定时限过电流保护越靠近电源处，动作时间越长；越靠近负荷端，动作时间越短；并且相邻线路动作时间相差一个时限级差。一般将定时限过电流保护动作时间整定原则称为阶梯时限原则。显然，定时限过电流保护是通过动作电流之间的灵敏度配合、时限阶梯特性来保证动作的选择性。

实际中，电流保护的动作时限有定时限和反时限两种实现方法。定时限电流保护的动作时间一经整定，则不随通入保护的电流变化，保护启动后按照预先整定值延时动作，因此称为定时限过电流保护。如果电流保护的动作时间与通入保护的电流有关，保护启动后，当电流大时动作时间短，电流小时动作时间长，则称为反时限电流保护。即定时限过电流保护的动作时限一经整定则固定不再变化，而反时限过电流保护的动作时间则随通入保护的电流呈反时限变化。

（3）灵敏度。

定时限过电流保护的灵敏度校验需考虑近后备和远后备两种情况，灵敏系数计算如下：

$$K_{\text{sen}}^{\text{III}} = \frac{I_{\text{k.min}}^{(2)}}{I_{\text{act}}^{\text{III}}} \qquad (6-15)$$

式中　$I_{\text{act}}^{\text{III}}$——定时限过电流保护的一次动作电流；

$I_{\text{k.min}}^{(2)}$——系统最小运行方式下，保护范围末端两相短路流过保护的短路电流（作为近后备保护，故障点为本线路末端母线短路；作为远后备保护，故障点为最长相邻线路末端母线短路）；

$K_{\text{sen}}^{\text{III}}$——定时限过电流保护的灵敏系数。

规程要求：作为近后备保护，$K_{\text{sen}}^{\text{III}} \geqslant 1.3 \sim 1.5$；作为远后备保护 $K_{\text{sen}}^{\text{III}} \geqslant 1.2$。如果灵敏系数不满足规程要求，可以考虑采用其他保护。

3. 原理接线图

由定时限过电流保护原理可知，保护的构成元件与限时电流速断保护相同，所以接线图与图 6-5 相同。

定时限过电流保护的主要优点是灵敏度高，简单可靠，但由于按照阶梯时限原则整定动作时限，动作时间长，尤其是靠近电源端动作时间更长，因此一般作为后备保护。

四、三段式电流保护

如前所述，瞬时电流速断保护无动作延时，通过动作电流的整定保证选择性，只能保护本线路始端一部分；限时电流速断保护带有短延时（一般为0.5s），通过动作电流的整定和短延时保证选择性，可以保护本线路的全长；定时限过电流保护带有较长的延时，通过动作电流之间的灵敏度配合、动作时限的配合保证选择性，能够保护本线路的全长和相邻线路的全长。

通常，将瞬时电流速断保护、限时电流速断保护和定时限过电流保护组合在一起，构成三段式电流保护。瞬时电流速断保护称为Ⅰ段保护，或电流保护Ⅰ段；限时电流速断保护称为Ⅱ段保护，或电流保护Ⅱ段；定时限过电流保护称为Ⅲ段保护，或电流保护Ⅲ段。其中，电流保护Ⅰ段和电流保护Ⅱ段组成线路的主保护，电流保护Ⅲ段作为本线路的近后备保护和相邻线路的远后备保护。当电流超过对应段的定值时，该段便启动，对于Ⅰ段立刻出口，对于Ⅱ段和Ⅲ段要达到设定的时间后出口。

三段式电流保护的逻辑框图如图6-8所示。用于相间故障的三段式电流保护通常可以有选择地接入两相电流，一般接入A相和C相电流，则任何相间短路至少有一相的电流元件可以反应。但需要注意，在同一电压等级中，两相电流应取自同名相。图6-8中Ⅰ、Ⅱ、Ⅲ分别为电流保护Ⅰ段、Ⅱ段、Ⅲ段的电流测量元件（可以采用电流继电器），T1、T2分别为电流保护Ⅱ段、Ⅲ段的时间元件（可以采用时间继电器），H1、H2、H3、H4是或门。

在工程应用中，三段式电流保护不一定三段全部投入。例如，当系统运行方式变化很大，Ⅰ段保护范围太小或没有保护区时，则不投入Ⅰ段；对于线路－变压器接线，Ⅰ段可以保护线路全长时，则可以不投入Ⅱ段；在末端线路，可能Ⅱ段和Ⅲ段的动作时间相同，则也可以不投入Ⅱ段。

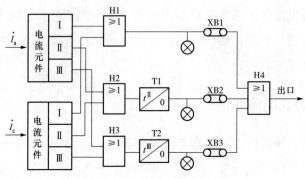

图 6-8　三段式电流保护的逻辑框图

五、方向电流保护

上述三段式电流保护的选择性是通过动作电流、动作时间整定来保证的，对于双侧有电源的线路或环网线路，在有些情况下通过动作电流、动作时限整定不能保证保护的选择性。如图 6-9 所示双侧电源线路，当 k1 点发生故障时，要使断路器 5QF 跳闸、4QF 不跳闸，则应该满足 $t_4 > t_5$；当 k2 发生故障时，要使断路器 4QF 跳闸、5QF 不跳闸，则应该满足 $t_4 < t_5$。显然上述时限是无法整定的。

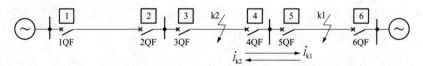

图 6-9　双侧电源线路方向电流保护说明图

分析 k1 和 k2 点发生故障时，流过保护 4 和保护 5 的功率方向是不同的。k1 点故障时，流过保护 5 的功率方向是母线到线路（称为正功率），流过保护 4 的功率方向是线路到母线（称为负功率）；k2 点故障时，流过保护 4 的功率方向是母线到线路（正功率），流过保护 5 的功率方向是线路到母线（负功率）。因此，利用短路时功率方向的这一特征，在电流保护的基础上加装功率方向元件，反应短路功率的方向，使保护只有在短路功率从母线流向被保护线路时动作，由此构成方向电流保护，则保护 4 和保护 5 无须时限配合，从而解决以上问题。

对图 6-8 所示三段式电流保护加装功率方向元件后，即可构成三段式方向电流保护。方向电流保护的单相原理逻辑框图如图 6-10 所示，图中 Y1、Y2 和 Y3 是双输入与门，必须在电流元件和功率方向元件同时满足动作条件时才能使本段保护启动。可见，加装功率方向元件后，双电源线路的保护问题被转化为单电源问题。

　　三段式方向电流保护的应用中需要考虑克服功率方向继电器死区并遵循按相启动接线。功率方向元件反应保护安装处的功率方向而动作，当保护安装处发生三相短路时，电压为零，功率方向继电器无法判断故障方向，无法动作，出现电压死区，因此，功率方向继电器对电压应有"记忆"作用，从而消除电压死区。按相启动接线指各相电流元件应与该相方向元件串联（即相"与"）后再启动该段时间元件，如图 6-10 所示，以防止非故障相方向电流保护误动。

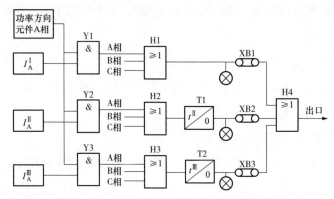

图 6-10　方向电流保护的单相原理逻辑框图

第三节　接地保护

一、中性点直接接地系统的零序电流保护

　　中性点直接接地系统发生接地短路时产生很大的短路电流，要求继电保护必须及时动作切除故障，保证设备和系统的安全。

（一）接地短路特点及零序电流测量

1. 接地短路特点

电力系统发生接地故障，包括单相接地故障和两相接地故障，在三相中出现大小相等、相位相同的零序电压和零序电流。对于中性点直接接地系统，零序电流具有以下特点：

（1）零序电流通过系统接地中性点和短路故障点形成短路通路，因此零序电流通过变压器接地中性点构成回路；

（2）零序电流的大小不仅与中性点接地变压器的多少、分布有关，还与系统运行方式有关；

（3）线路零序电流的大小与短路故障位置有关，短路点越靠近保护安装地点，零序电流数值越大，零序电流的大小与短路故障位置的关系如图 6-14 所示。

另外注意，接地故障点的零序电压最高。

根据以上零序电流的特点，可以构成中性点直接接地系统的线路零序电流保护。

2. 变压器中性点接地考虑

考虑变压器中性点接地的多少、分布时，应使电网中对应零序电流的网络尽可能保持不变或变化较小，以保证零序电流保护有较稳定的保护区和灵敏度，同时防止单相接地故障时非故障相出现危险过电压。

3. 零序电压和零序电流测量

接地短路时，三相的零序电压大小相等、相位相同，根据序分量的概念有 $3\dot{U}_0 = \dot{U}_A + \dot{U}_B + \dot{U}_C$。通常采用三个单相式电压互感器或三相五柱式电压互感器取得零序电压，如图 6-11 所示。图中 m、n 端子输出为零序电压，计算如下：

$$\dot{U}_{mn} = \frac{1}{n_{TV}}(\dot{U}_A + \dot{U}_B + \dot{U}_C) = \frac{3\dot{U}_0}{n_{TV}} \tag{6-16}$$

式中　n_{TV}——电压互感器一相变比。

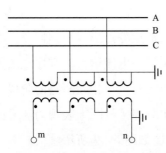

(a) 用三个单相式电压互感器

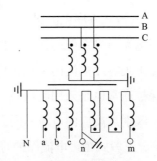

(b) 用三相五柱式电压互感器

图 6-11　取得零序电压方法示意图

　　接地短路时，三相的零序电流大小相等、相位相同，根据序分量的概念有 $3\dot{I}_0 = \dot{I}_A + \dot{I}_B + \dot{I}_C$。通常通过零序电流滤过器测量零序电流，如图 6-12（a）所示。流入电流继电器的电流为：

$$\dot{I}_m = \frac{1}{n_{TA}}(\dot{I}_A + \dot{I}_B + \dot{I}_C) = \frac{3\dot{I}_0}{n_{TA}} \quad （6-17）$$

式中　n_{TA}——电流互感器变比。

　　对于采用电缆线路，零序电流通常通过零序电流互感器获得，如图 6-12（b）所示。TAN 为零序电流互感器。

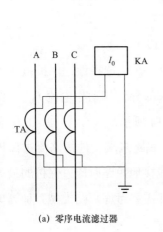

(a) 零序电流滤过器

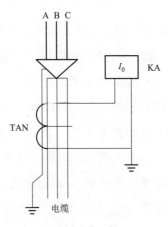

(b) 零序电流互感器

图 6-12　取得零序电流方法示意图

（二）阶段式零序电流保护

零序电流通过系统的接地中性点和接地故障点形成短路回路。根据接地短路故障出现零序电流的特点，构成反应零序电流增大的零序电流保护。零序电流保护通常也是采用阶段式，从原理上看，与相间短路的阶段式电流保护相同，区别是反应的电流不同，因此在原理接线图上表现为测量元件的输入量不同，三段式零序电流保护的原理框图如图 6-13 所示。

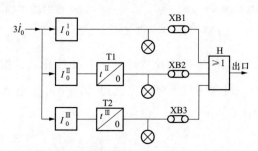

图 6-13　三段式零序电流保护的原理框图

三段式零序电流保护的组成包括：零序电流Ⅰ段，即瞬时零序电流速断保护；零序电流Ⅱ段，即限时零序电流速断保护；零序电流Ⅲ段，即零序过电流保护。图 6-13 中 I_0^{I}、I_0^{II}、I_0^{III} 分别为零序电流Ⅰ段、Ⅱ段、Ⅲ段测量元件，反应输入零序电流；t^{II}、t^{III} 分别为零序电流Ⅱ段、Ⅲ段时间元件，建立保护的动作延时；保护通过或门出口使断路器跳闸。

1. 瞬时零序电流速断保护（零序电流Ⅰ段）

零序电流Ⅰ段为无延时动作，因此，为了保证选择性，保护范围不能超过本线路的末端母线，只能保护本线路的一部分，其动作电流 $I_{0.act}^{I}$、保护范围 L^{I} 与接地短路零序电流 $3I_0$ 的关系如图 6-14 所示。

零序电流Ⅰ段动作电流的整定为躲过本线路末端接地短路流过保护的最大零序电流。图中 $3I_{0.max}$ 是保护线路末端母线接地短路时流过保护的最大零序电流。计算 $3I_{0.max}$ 时按系统最大运行方式，并需要考虑短路类型，计算单相接地短路和两相接地短路的零序电流，取大者。

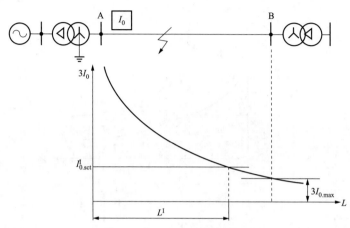

图 6-14   零序电流Ⅰ段保护原理示意图

2. 限时零序电流速断保护（零序电流Ⅱ段）

零序电流Ⅱ段应保护本线路的全长，保护范围必然延伸到相邻线路，但不应超出相邻线路的零序电流Ⅰ段的保护范围，因此在动作电流和动作时限上，需要与相邻线路的零序电流Ⅰ段配合，一般有 0.5s 的动作延时。

本线路的零序电流Ⅱ段保护动作电流的整定原则为与下级线路零序电流Ⅰ段保护配合。

需要指出的是，在整定零序电流Ⅱ段动作电流时，为了保证保护范围不超出相邻线路的零序电流Ⅰ段的保护范围，必须考虑分支电路的影响。分支电路对流过保护的零序电流的影响，以及与动作电流、保护范围的关系如图 6-15 所示。图中 $I_{0.act.1}^{I}$ 和 $I_{0.act.1}^{II}$ 分别为保护 1 的零序电流Ⅰ段动作电流和零序电流Ⅱ段动作电流；$I_{0.act.2}^{I}$ 为保护 2 的零序电流Ⅰ段动作电流；L_1^{I} 和 L_1^{II} 分别为保护的 1 零序电流Ⅰ段保护范围和零序电流Ⅱ段保护范围；L_2^{I} 为保护 2 的零序电流Ⅰ段保护范围。显然，由于变压器 T2 中性点接地，构成零序分支电路，当 k 点发生接地短路时，流过保护 1（线路 L1）与流过保护 2（线路 L2）的零序电流不相等，即 $3I_{0.L1} \neq 3I_{0.L2}$，所以在保护 1 零序电流Ⅱ段与保护 2 零序电流Ⅰ段配合时，不可忽略这一影响。

零序电流Ⅰ段和零序电流Ⅱ段共同构成线路接地短路的主保护。

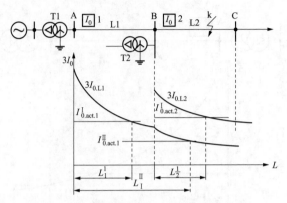

图 6-15　零序电流 II 段保护原理示意图

3. 零序过电流保护（零序电流III段）

零序过电流保护作为线路接地故障时的近后备保护和远后备保护，应该在系统正常运行和相间短路时不动作。系统正常运行时三相对称，$3I_0 = 0$；相间短路时，短路电流只含有正序分量和负序分量，同样有 $3I_0 = 0$，根据零序电流的测量方法（参见图 6-12），此时流入电流元件的电流只是不平衡电流。因此，零序电流三段的动作电流只需躲过最大不平衡电流即可，一般数值不大，保护的灵敏度较高。

零序过电流保护的动作时限同样是按照阶梯时限原则整定。由于接地短路的零序电流以变压器接地中性点构成回路，所以动作时限无须与中性点不接地变压器的另一侧配合，如图 6-16 所示。图中 t_{01}^{III}、t_{02}^{III}、t_{03}^{III} 分别为保护 1、保护 2、保护 3 零序过电流保护的动作时限。同时图中画出相应的反应相间短路的定时限过电流保护动作时限，可见，同一处的零序过电流保护动作时限小于相间过电流保护动作时限。

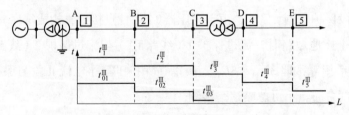

图 6-16　零序过电流保护的时限特性

在图 6-16 中，为保证零序过电流保护的选择性，保护 1、2、3 之间的零序动作电流还应满足灵敏度配合要求，即 $I_{0.act.1}^{III}>I_{0.act.2}^{III}>I_{0.act.3}^{III}$。

综上所述，阶段式零序电流保护灵敏度高，延时小，保护范围受系统运行方式影响小，用于中性点直接接地系统的接地短路的专门保护，具有明显的优越性。

在多电源系统，要求电源侧至少有一台变压器中性点接地运行。当线路两侧都有中性点接地运行变压器时，发生接地短路的情况与双侧电源线路电流保护的情况类似，为了保证选择性，需要装设零序方向电流保护，即三段式零序电流保护加装零序功率方向元件后，构成三段式零序方向电流保护。零序功率方向元件接入零序电压和零序电流的取得如图 6-11 和图 6-12 所示。需要指出的是，由于接地短路时，故障点零序电压最高，零序功率方向元件不存在电压死区问题。

二、中性点非直接接地系统的零序保护

（一）中性点不接地系统的零序保护

1. 单相接地故障特点

中性点不接地系统正常运行时，三相对称，中性点对地电压等于零，全系统没有零序电压和零序电流。当系统发生单相接地时，系统各处故障相的对地电压等于零，三相对地电压不平衡，出现零序电压，系统电流分布如图 6-17 所示。图示为三条线路 L1、L2 和 L3，假设均未带负荷，在线路 L3 上发生 A 相单相接地故障，由于系统中性点不接地，发生单相接地短路时，系统没有其他的直接接地点，短路电流只能通过单相接地故障点和各条线路非故障相对地分布电容构成通路，根据图示电流分布，中性点不接地系统发生单相接地故障时有如下特点：

（1）故障相对地电压等于零，系统出现零序电压；

（2）所有线路出现接地电流（零序电流），接地电流为容性电流，故障点接地电流等于所有线路的对地电容电流之和；

（3）故障线路的零序电流等于所有非故障线路的电容电流之和，方向由线路流向母线；

（4）非故障线路的零序电流等于本身线路非故障相的对地电容电流，方向由母线流向线路。

可见，中性点不接地系统发生单相接地故障时的零序电流数值不大，三相电压之间的线电压仍然对称，能够对负荷供电，因此不必立即跳闸，可以连续运行 1～2h。为了防止故障发展扩大，要求此时继电保护动作发出信号。

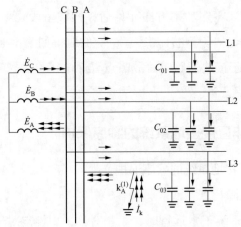

图 6-17 中性点不接地系统发生单相接地故障时的电流分布

2. 单相接地保护

对于中性点不接地系统，通常采用绝缘监视和接地选线的方式实现单相接地保护。

（1）绝缘监视装置。

绝缘监视装置反应中性点不接地系统发生单相接地故障时，系统出现零序电压动作发出信号，绝缘监视装置又称为零序电压保护。原理接线图如图 6-18 所示。电压互感器二次侧有两组绕组，其中一组接成星形，接三个电压表，用于测量各相对地电压；另一组接成开口三角形，用于测量零序电压，用过电压继电器 KV 反应零序电压。

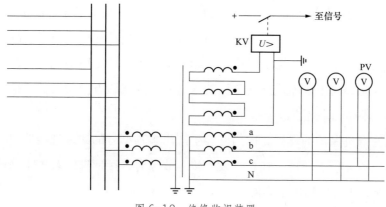

图 6-18　绝缘监视装置

系统正常运行时，三相对称，无零序电压，过电压继电器 KV 不动作，三个电压表指示相同，为相电压；发生单相接地时，系统出现零序电压，过电压继电器 KV 动作后接通信号回路，发出接地故障信号，此时接地相电压降低，根据电压表 PV 的读数可判断接地相。

绝缘监视装置无法判断故障线路，因此也称为非选择性保护。如果需要选择接地线路，可以通过故障选线按钮，依次断开线路，随之自动重新合闸断开的线路。当断开某条线路时接地故障信号消失，则说明是该线路发生了接地故障。

（2）接地选线装置。

对中性点不接地系统，根据系统发生单相接地故障时的电流大小及方向特征，实现故障检测与选线的装置称为接地选线装置。接地选线装置检测中性点不接地系统发生单相接地故障，并选择故障线路。根据系统发生单相接地故障时的电流大小及方向特征，可以实现的故障检测原理有：基于零序电流大小选出故障线路、基于零序功率选出故障线路等。

利用故障线路的零序电流等于所有非故障线路的电容电流之和的特征，实现基于零序电流大小选出故障线路，其零序电流元件的动作电流应该躲过本线路对地电容形成的零序电流。系统正常运行时，三相对称，无零序电流，装置不动作；发生单相接地时，系统出现零序电流，且故障线路的零序电流大于非故障线路的零序电流，接地选线装置动作，输出选线结果。显然，当母线出线多时，故障线路与非故障线路电流差别大，更有利于故障选线。

对母线出线较少的中性点不接地系统，发生单相接地故障时，故障线路的零序电流与非故障线路的零序电流相差不大，利用零序电流无法选出故障线路。因此，利用故障线路的零序功率与非故障线路方向相反的特征，可以实现基于零序功率选出故障线路。

随着微机保护的发展，国内已经生产出多种型号的接地选线装置，实现的原理也不只以上两种。在系统发生接地故障时，接地选线装置正确选择出故障线路，为检修提供了方便。

（二）中性点经电阻接地系统的零序保护

中性点经电阻接地系统的零序保护可参照中性点直接接地系统考虑，并在进行接地短路电流计算时，零序网络按接入 3 倍中性点电阻计算。

第四节　其他保护

以下简单介绍线路距离保护和纵差动保护作用原理。

一、距离保护

反应短路故障时电流增大的电流保护，具有简单、经济、可靠等突出的优点，在结构简单的电网中得到广泛应用。但是电流保护的保护范围受系统运行方式和短路故障类型的变化影响，在重负荷线路以及长、短线保护配合时，保护的灵敏度可能无法满足规程要求。因此，应当采用性能更加完善的继电保护，距离保护就是一种性能良好的继电保护。

距离保护反应保护安装处至故障点之间的阻抗（距离），以下说明距离保护的动作原理。

如图 6-19（a）所示，假设电流互感器和电压互感器的变比等于 1，则距离保护感受电压和电流为 $\dot{U}$ 和 $\dot{I}$，$Z=\dfrac{\dot{U}}{\dot{I}}$ 为距离保护的测量阻抗。系统正常运行时，保护安装处母线电压接近额定电压，线路电流为负荷电流，故保护装置测量阻抗为负荷阻抗，计算如下：

$$Z=\frac{\dot{U}}{\dot{I}}=\frac{\dot{U}_{N}}{\dot{I}_{1}}=Z_{1} \qquad (6-18)$$

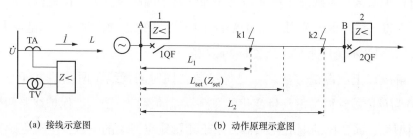

图 6-19 距离保护的动作原理示意图

(a) 接线示意图   (b) 动作原理示意图

图 6-19（b）中，设线路单位长度阻抗为 z_1，保护 1 的保护范围为 L_{set}，对应整定阻抗为 Z_{set}，即 $Z_{set}=Z_1 L_{set}$。当线路上 k1 点和 k2 点分别发生短路故障时，保护 1 的测量阻抗分别为

$$Z_{k1}=z_1 L_1 < Z_{set} \qquad (6-19)$$

$$Z_{k2}=z_1 L_2 < Z_{set} \qquad (6-20)$$

显然保护装置测量阻抗与保护安装处至短路点的距离成正比。当 k1 点发生短路故障时，式（6-18）表示保护 1 的测量阻抗小于整定阻抗，说明短路点在保护区内，保护动作；而当 k2 点发生短路故障时，式（6-19）表示保护 1 的测量阻抗大于整定阻抗，说明短路点在保护区外，保护不动作。

距离保护是反应感受阻抗降低而动作，当保护安装处母线电压降低或线路电流增大时，保护的感受阻抗都将减小，因此能够更灵敏地反应故障。同时，只要采用合理的接线方式，保护的感受阻抗只与保护安装处至短路点的距离成正比，保护范围不受系统运行方式影响，从而克服了电流保护受运行方式影响的缺点。

通常距离保护也采用三段式，并有相间距离保护和接地距离保护之分，分别反映相间故障和接地故障。距离保护的测量元件即阻抗测量元件，能够实现带方向的测量特性和无方向的测量特性。

二、线路纵差动保护

本章介绍的电流保护和距离保护有一个共同的特点，即保护安装在线路一侧，只能从线路一端的电气量变化反应该线路的运行情况，因此保护的测量元件无法区别本线路末端故障与相邻线路始端故障。为了保证保护的选择性，不得不缩短保护范围（如电流Ⅰ段）或增加保护动作时限（如电流Ⅱ段、Ⅲ段），因此不能快速切除全线的短路故障。

解决以上问题的方法之一是保护装置同时测量线路两端的电气量。图6-20为反应线路两端电气量变化的线路纵差动保护。图中被保护线路两端装有同型号、同变比的电流互感器，用于测量线路两端的电流，电流互感器二次回路采用差动接线，在差动回路接入电流元件 KD（差动继电器）。

当系统正常运行或区外短路时，线路上流经两个电流互感器的电流如图6-20（a）所示，$\dot{I}_{1M} = \dot{I}_{1N}$，因此，流入电流元件的电流 $\dot{I}_{KD} = \dot{I}_{2M} - \dot{I}_{2N} \approx 0$，保护不会动作。

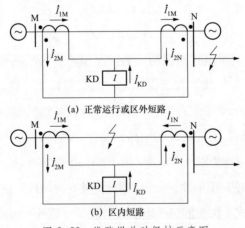

图 6-20　线路纵差动保护示意图

当线路上发生短路时，线路上流经两个电流互感器的电流如图 6-20（b）所示，此时短路点电流为 $\dot{I}_K = \dot{I}_{1M} + \dot{I}_N$，流入电流元件的电流 $\dot{I}_{KD} = \dot{I}_{2M} + \dot{I}_{2N} = \dfrac{1}{n_{TA}}(\dot{I}_{1M} + \dot{I}_{1N}) = \dfrac{\dot{I}_K}{n_{TA}}$，数值很大，保护动作切除故障。

可见，线路纵差动保护从原理上能够反应线路两侧电流互感器之间任何地点发生的故障，而不反应两侧电流互感器外侧任何地点发生的故障，不需要与任何其他保护配合，本身就可以保证选择性，因此无需动作延时，可以实现对全线路无延时切除故障。

在线路纵差动保护接线时，应注意电流互感器的极性，从图 6-20 可知，如果电流互感器接线发生极性错误，将造成保护的不正确动作。

参考题

一、选择题

1. 本线路的限时电流速断保护动作电流的整定原则为（　　）。

A. 与下级线路瞬时电流速断保护配合

B. 与本线路瞬时电流速断保护配合

C. 与下级线路限时电流速断保护配合

2. 零序电流Ⅱ段的保护范围为（　　）。

A. 本线路全长

B. 本线路及下级线路全长

C. 本线路全长及下级线路一部分

3. 中性点不接地系统发生单相接地故障，非故障线路零序电流方向为（　　）。

A. 由母线流向线路

B. 由线路流向母线

C. 不确定

二、判断题

1. 本线路的限时电流速断保护与下级线路瞬时电流速断保护范围有重叠区，当在重叠区发生故障时将由前者动作跳闸。（　　　）

2. 当限时电流速断保护灵敏度不满足要求时，通常解决灵敏度不足的方法是限时电流速断保护的动作电流及动作时间与下级线路限时电流速断保护配合。（　　　）

3. 规程规定，瞬时电流速断保护的最小保护范围不小于本线路全长的 15% ~ 20%。（　　　）

变压器保护

　　变压器作为联系不同电压等级的电力设备，是电力系统中非常重要的元件。变压器的安全运行关系到整个电力系统供电的可靠性。同时，随着变压器电压等级和容量的提高，变压器本身的造价也越来越高。因此，变压器保护需要解决好快速切除故障以及保证足够的可靠性等问题。本章首先介绍变压器的故障和异常运行状态，接着介绍变压器保护的配置，然后重点介绍变压器的气体保护、差动保护、电流速断保护以及变压器的后备保护。

第一节 概述

一、变压器故障和异常运行状态

电力变压器是电力系统中的重要设备，变压器发生故障将对电力系统的供电可靠性和系统正常运行产生严重影响，并且故障后修复困难。变压器故障分为油箱内故障和油箱外故障。变压器油箱内故障包括绕组之间发生的相间短路、一相绕组中发生的匝间短路、绕组与铁芯或外壳之间发生的单相接地短路等；变压器油箱外故障包括引出线上发生的各种相间短路、引出线套管闪络或破碎时通过外壳发生的单相接地短路等。由于变压器本身结构的特点，油箱内部发生故障是十分危险的，故障产生电弧将引起绝缘物质的剧烈气化，可能导致变压器外壳局部变形，甚至引起爆炸。因此，变压器发生故障时，必须尽快将变压器从电力系统中切除。

变压器异常运行包括过负荷、油箱漏油造成的油面降低、外部短路引起的过电流等。变压器处于异常运行时，应发出信号。

二、变压器保护配置

为了保证电力系统的安全运行，将故障和异常运行的影响限制在最小范围，根据继电保护有关规定，变压器应装设以下保护。

1. 变压器主保护

变压器主保护包括气体保护、纵差动保护或电流速断保护等。

（1）气体保护（瓦斯保护）。

用于反应变压器油箱内部的各种故障，以及变压器漏油造成的油面降低。

规程规定，对于容量在 800kVA 及以上的油浸式变压器、400kVA 及以上的车间内油浸式变压器，应装设瓦斯保护。

（2）纵差动保护或电流速断保护。

用于反应变压器绕组、套管及引出线上的短路故障，根据变压器的容量大小，装设纵差动保护或电流速断保护，动作跳开变压器各侧断路器。

规程规定，对于容量在 10000kVA 以上单独运行变压器、容量在 6300kVA 以上并列运行变压器或企业中的重要变压器、容量在 2000kVA 以上且电流速断保护灵敏度不满足要求的变压器，应装设纵差动保护；对于容量在 10000kVA 以下的变压器，当过电流保护动作时间大于 0.5s 时，应装设电流速断保护。

2. 变压器后备保护及过负荷保护

（1）过电流保护。

用于反应外部相间故障引起的变压器过电流，并作为变压器主保护的后备保护。

（2）零序保护。

用于反应中性点直接接地变压器高压侧绕组接地短路故障，以及高压侧系统的接地短路故障，作为变压器主保护及相邻元件接地故障的后备保护。

（3）过负荷保护。

用于反应 400kVA 及以上变压器的三相对称过负荷。过负荷保护只需要取一相电流，延时动作于信号。对于无人值守的变电站，必要时过负荷保护可动作于自动减负荷或跳闸。

第二节　气体保护

当变压器油箱内部发生故障时，短路电流产生电弧使变压器油和绝缘介质分解并产生大量气体，而且故障越严重，产生的气体越多，反应这种气体而动作的保护称为气体保护，也称为瓦斯保护。变压器的气体保护是油浸式变压器的主保护，能够有效地反应变压器油箱内部的各种故障（包括绕组断线）。另外，当变压器发生严重漏油时，气体保护也能动作。

变压器气体保护包括轻瓦斯保护和重瓦斯保护两部分。轻瓦斯保护动作时只发信号；重瓦斯保护动作时瞬时切除变压器。

一、气体继电器

气体保护的主要元件是气体继电器，也称瓦斯继电器，安装在变压器油箱与油枕之间的连接管道中，如图 7-1 所示。在变压器油箱内故障产生气体时，气体从油箱流向油枕，气流及带动的油流冲击气体继电器，使其动作。为了不妨碍气体的流通，变压器安装时应使顶盖沿气体继电器的水平面具有 1%~1.5% 的升高坡度，通往继电器的部分具有 2%~4% 的升高坡度。我国电力系统中采用的气体继电器多是复合式气体继电器，例如开口杯挡板式气体继电器，内部结构如图 7-2 所示。

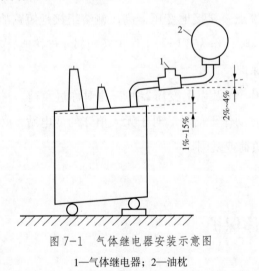

图 7-1 气体继电器安装示意图

1—气体继电器；2—油枕

变压器正常运行时，继电器内充满油，开口杯在油的浮力和重锤的作用下上翘，磁铁 4 处于干簧触点 15 上方（图示状态），干簧触点 15 在断开位置；挡板在弹簧作用下处于正常静止位置，磁铁 11 远离干簧触点 13，干簧触点

13 在断开位置。

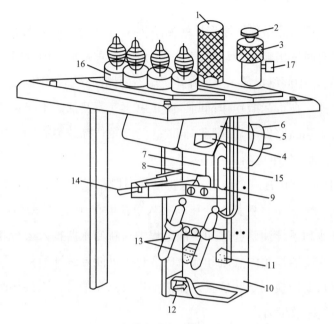

图 7-2 开口杯挡板式气体继电器内部结构图

1—罩；2—顶针；3—气塞；4—磁铁；5—开口杯；6—重锤；7—探针；
8—开口销；9—弹簧；10—挡板；11—磁铁；12—螺杆；13—干簧触点（重瓦斯）；
14—调节杆；15—干簧触点（轻瓦斯）；16—套管；17—排气孔

当变压器内发生轻微故障时，产生少量气体流向油枕，气体汇集在气体继电器的上部，使继电器内部油面下降，开口杯露出油面。由于开口杯失去油的浮力，在重锤的作用下而下沉，磁铁 4 靠近干簧触点 15，干簧触点 15 闭合，发出轻瓦斯动作信号。同理，当变压器漏油时油面下降，同样发出轻瓦斯动作信号。

当变压器内发生严重故障时，例如相间短路、匝间短路等，油箱内产生大量气体，强大的气流及带动的油流冲击挡板，挡板克服弹簧作用力，向干簧触点 13 方向晃动，磁铁 11 靠近干簧触点 13，干簧触点 13 闭合，接通重瓦斯动作跳闸回路，断开变压器各侧断路器，切除变压器。

二、保护原理接线及运行

双绕组变压器瓦斯保护原理接线见图 7-3，KG 为瓦斯继电器，上触点是轻瓦斯，闭合时发出轻瓦斯动作信号；下触点是重瓦斯，闭合时经信号继电器 KS 瞬时启动中间继电器 KM，跳开变压器两侧断路器。中间继电器 KM 具有自保持功能，在重瓦斯动作期间，防止由于气流及油流不稳定造成触点接触不可靠时影响断路器可靠跳闸。同时，为缩短切除故障时间，中间继电器 KM 应是快速动作的继电器。

图中切换片 XB 有两个位置，保护动作时跳闸位置（图示位置）和试验位置。在某些情况下，例如，变压器接入负荷时油中空气加热而升入油枕、在强迫循环冷却系统油泵起停和换油过程中、新变压器投入运行和变压器灌油后，由于变压器油箱内气流和油流的变化，可能导致瓦斯保护误动作。此时，应将重瓦斯切换到试验位置，保护动作时只发信号，不会跳闸，直到变压器油箱内气体散尽为止。

变压器气体保护的保护范围为变压器油箱内部，反应变压器油箱内部的任何短路故障，以及铁芯过热烧伤、油面降低等，但不能反应变压器绕组引出线的故障。

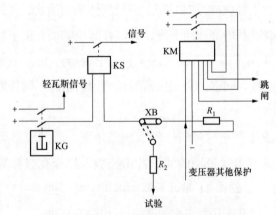

图 7-3　双绕组变压器瓦斯保护原理接线

第三节 差动保护

一、差动保护的基本原理

变压器差动保护的动作原理与线路纵差动保护类似，通过比较变压器两侧电流的大小和相位决定保护是否动作。单相原理接线图如图7-4所示。

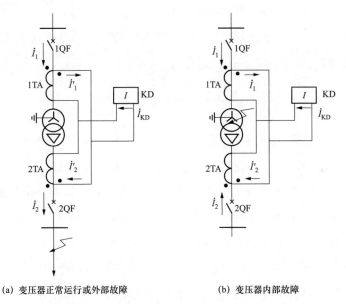

(a) 变压器正常运行或外部故障   (b) 变压器内部故障

图 7-4 变压器差动保护单相原理接线

变压器差动保护的动作原则：当变压器正常运行或外部发生短路故障时，保护不动作；当变压器内部发生短路故障时，保护应正确动作，将变压器从系统中切除。

与线路纵差保护不同之处在于，由于变压器高压侧和低压侧的额定电流不同，电流的相位也存在差异，在比较变压器各侧电流的大小和相位时还需要适当选择各侧的电流互感器变比，并对电流相位进行补偿。

1. 变压器正常运行或外部故障

根据图 7-4（a）所示电流分布，变压器正常运行或外部故障时流入差动继电器 KD 的电流是变压器两侧电流的二次值相量之差，继电器不会动作，差动保护不动作。此时流入差动继电器的电流为

$$I_{KD} = |\dot{I}_1' - \dot{I}_2'| = \left| \frac{\dot{I}_1}{n_{1TA}} - \frac{\dot{I}_2}{n_{2TA}} \right| = I_{unb} \qquad （7-1）$$

式中　n_{1TA}、n_{2TA}——电流互感器 1TA、2TA 的变比；

　　　　I_{unb}——流入差动继电器的不平衡电流；

　　　　$\dot{I}_1$、$\dot{I}_2$——变压器高压侧和低压侧的一次电流；

　　　　$\dot{I}_1'$、$\dot{I}_2'$——变压器高压侧和低压侧电流互感器的二次电流。

令式（7-1）中的 $I_{unb} = 0$，则可得：

$$\frac{n_{2TA}}{n_{1TA}} = \frac{\dot{I}_2}{\dot{I}_1} = 变压器变比 \qquad （7-2）$$

即当变压器两侧电流互感器变比满足式（7-2）时，在不考虑变压器各侧电流相位差的情况下，理论上流入差动继电器 KD 的电流为零。

电力系统中变压器常采用 Y d11 联接方式，变压器两侧电流的相位差为 30°。为了消除相位差的影响，通常采用适当的接线进行相位补偿。对于 Y d11 联接的变压器，补偿方法是将变压器星形侧的电流互感器接成三角形，将变压器三角形侧的电流互感器接成星形。这样差动回路两侧的电流相位相同。但是，采用上述接线后，在电流互感器的三角形侧的每个差动臂中电流增大 $\sqrt{3}$，为此需要进行数值补偿，使三角形侧的电流互感器变比调整为原来的 $\sqrt{3}$ 倍。微机型变压器差动保护，可以通过软件实现相位校正。

综上，通过选择适当的电流互感器变比，再经过相位补偿接线和幅值调整，理论上可以做到流入差动继电器的不平衡电流为零。

2. 变压器内部故障

根据图 7-4（b）所示电流分布，变压器内部故障时，流入差动继电器 KD 的电流是变压器两侧电流的二次值相量之和，该相量和大于继电器设置的

整定值后，继电器动作，差动保护动作。此时流入差动继电器的电流为

$$I_{KD} = |\dot{I}_1' + \dot{I}_2'| = \left| \frac{\dot{I}_1}{n_{1TA}} + \frac{\dot{I}_2}{n_{2TA}} \right| \qquad (7-3)$$

如果变压器只有一侧电源，则只有该侧的电流互感器二次电流流入差动继电器；如果变压器两侧有电源，则两侧的电流互感器二次电流都流入差动继电器，且数值相加。

变压器差动保护从原理上能够保证选择性，即实现内部故障时动作、外部故障时不动作，所以动作时间整定为0s。

二、变压器差动保护的不平衡电流

当变压器正常运行或发生外部故障时，流过变压器的电流为穿越电流，通过合理选择变压器各侧的电流互感器变比以及相位调整，在理想状态下可以做到流入差动继电器的电流为零。但实际上正常运行或外部故障时流入差动继电器的电流并不为零，此电流称为不平衡电流，此时差动保护不应动作。因此，为避免差动保护误动作，需要减小差动回路的不平衡电流。

造成变压器差动保护不平衡电流的因素可以归纳为以下几个方面。

1. 电流互感器变比标准化

以上讨论假设$\dot{I}_1' = \dot{I}_2'$，即假设变压器两侧电流互感器的变比选择是理想化的，两侧电流互感器变比满足式（7-2），但实际电流互感器是定型产品，变比是标准化的，并不可以任意选择。变压器两侧电流互感器变比的希望值通常与标准变比不同，因此实际选择的变压器各侧电流互感器标准变比无法满足式（7-2），导致在变压器保护差动回路产生不平衡电流。

针对这部分不平衡电流，可以通过电流变换器对电流互感器二次电流数值进一步变换，使最终引入差动继电器的两个电流数值尽量接近。在微机保护中采用的措施是通过软件进行电流平衡调整。

2. 两侧电流互感器二次阻抗不完全匹配

变压器两侧电压等级不同，额定电流数值不同，因而实际选用的电流互

感器型号不同，它们的饱和特性、励磁电流、剩磁不同，两侧电流互感器二次阻抗不完全匹配，使电流变换出现相对误差。因此，在外部短路故障时，并计及非周期分量电流后，差动回路有较大的不平衡电流。

针对这部分不平衡电流，在整定计算时引入电流互感器同型系数、电流互感器变比误差系数、非周期分量系数加以解决。

3. 变压器分接头调整

变压器分接头调整是维持系统电压的一种有效方法。当变压器分接头调整时，改变了变压器的变比，造成变压器两侧电流关系改变，因此破坏了电流互感器二次电流的平衡关系，在差动回路产生不平衡电流。针对这部分不平衡电流，在整定计算时加以考虑。

综合以上分析，变压器纵差动保护的不平衡电流包括以上三部分，而且在变压器流过最大外部短路电流时，出现最大不平衡电流。为保证外部短路故障时差动保护不动作，动作电流应按照躲过最大不平衡电流整定，而为保证内部短路故障时差动保护的灵敏度，动作特性应采用比率制动特性。保护灵敏度校验按照保护范围内最小短路电流校验，规程要求 $K_{sen} \geq 2$。

实际中，减小差动回路不平衡电流的主要措施是两侧电流互感器要匹配，同时减小电流互感器二次负载阻抗等。

三、变压器励磁涌流及识别措施

变压器正常运行时励磁电流数值很小，一般仅为变压器额定电流的 $3\% \sim 5\%$；外部短路时，由于电压降低，励磁电流减小；当变压器空载投入或外部短路故障切除电压恢复时，励磁电流可达到额定电流的 $6 \sim 8$ 倍，称为励磁涌流。

变压器励磁电流仅存在于变压器的电源侧，全部流入保护差动回路。在变压器正常运行和外部短路时，励磁电流数值很小，不会引起差动保护误动作；当出现励磁涌流时，将引起变压器纵差动保护产生很大的差流，如果不采取措施，将造成差动保护误动作。

变压器励磁涌流产生的根本原因，是变压器铁芯中磁通不能突变。励磁涌流与合闸时电源电压相角、电源容量大小、变压器接线方式、铁芯结构、铁芯剩磁及饱和程度等有关。在三相变压器中，至少两相存在励磁涌流。分析表明，变压器励磁涌流具有以下特点：

（1）励磁涌流数值很大，随时间衰减，衰减速度与变压器容量有关，变压器容量大则衰减慢；

（2）励磁涌流中含有明显的非周期分量，波形偏向时间轴的一侧；

（3）励磁涌流中含有明显的高次谐波分量，其中二次谐波分量比例最大；

（4）励磁涌流波形呈非正弦特性，波形不连续，出现间断角。

根据变压器励磁涌流的特点，能够鉴别出是故障电流还是励磁涌流。如果是励磁涌流，则制动（闭锁）保护，即不开放保护；如果不是励磁涌流，则开放保护。通常采用防止励磁涌流引起变压器差动保护误动的措施有：

（1）采用带有速饱和变流器的差动继电器构成变压器差动保护。励磁涌流中含有明显的非周期分量的特征，利用非周期分量电流破坏周期分量电流变换。

（2）采用二次谐波制动原理构成变压器差动保护。利用励磁涌流中含有明显二次谐波分量而短路电流中不含有二次谐波分量的特征，应用二次谐波制动原理，使出现励磁涌流时制动保护，出现短路电流时不制动（开放）保护。

（3）采用鉴别波形间断原理构成变压器差动保护。利用励磁涌流波形间断而短路电流波形连续的特征，当保护差动回路电流波形间断角超过整定值时闭锁保护，间断角小于整定值时开放保护。

四、保护逻辑框图

采用二次谐波制动原理构成变压器差动保护由差动元件、二次谐波制动、差动速断元件、TA 断线检测等部分构成，逻辑框图如图 7-5 所示。

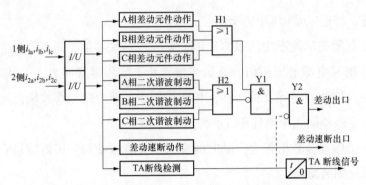

图 7-5　二次谐波制动原理变压器差动保护逻辑框图

1. 差动元件

通常采用比率制动特性，引入外部短路电流作为制动量（制动电流），使差动保护的动作电流随外部短路电流增大而增大，如图 7-6 所示。图中 I_{brk} 为制动电流，I_{act} 为差动电流。当外部短路时，虽然不平衡电流随短路电流增大，但制动量也增大，动作电流增大，差动保护不动作；当内部短路时，制动量很小，保护灵敏动作。图 7-5 中采用分相差动，其中任一差动元件动作，即可通过或门 H1 去跳闸。

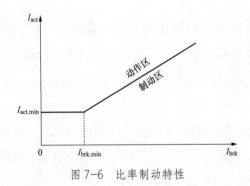

图 7-6　比率制动特性

2. 二次谐波制动

二次谐波制动是识别励磁涌流最常用的一种方法。检测保护差动回路电流的二次谐波电流判别励磁涌流，判别式为

$$I_{KD2} > K_2 I_{KD} \qquad (7-4)$$

式中　I_{KD2}——差动电流中的二次谐波电流；

　　　K_2——二次谐波制动系数；

　　　I_{KD}——差动电流。

满足式（7-4）时，判别为励磁涌流，闭锁差动保护；不满足式（7-4）时，开放差动保护。

制动方式有最大相制动和分相制动，图7-5为最大相制动方式。当任一相差动回路电流的二次谐波分量满足制动判据时，经过或门H2闭锁与门Y1，即使有差动元件动作保护也不会出口。如果是发生短路，无二次谐波制动，允许保护由差动元件决定保护的动作。

3. 差动速断元件

当变压器内部发生严重故障时，短路电流很大，应该快速切除故障。但是，当短路电流很大时，由于电流互感器饱和影响，二次电流波形畸变，将出现二次谐波电流，影响保护的正确动作。因此，当短路电流数值达到差动速断动作值时，通过差动电流速断元件直接出口切除变压器，不再经过任何其他条件的判断。通常差动速断元件的动作电流大于变压器励磁涌流数值。

4. TA断线检测

在电流互感器二次断线时发出信号。

五、对差动保护和气体保护的评价

变压器差动保护的保护范围为保护用电流互感器之间的一次系统，包括变压器绕组和变压器绕组的引出线，反应各种短路故障，但不能反应变压器发生少数匝数的匝间短路、铁芯过热烧伤、油面降低等。变压器气体保护的保护范围为变压器油箱内部，反应变压器油箱内部的任何短路故障，以及铁芯过热烧伤、油面降低等，但不能反应变压器绕组引出线的故障。可见，不论是差动保护还是气体保护，都不能同时反应以上各种故障，所以不能互相取代，变压器需要同时装设差动保护和气体保护共同作为变压器的主保护。

第四节　电流速断保护

一、电流速断保护

对于中、小容量的变压器，可以装设单独的电流速断保护，与气体保护配合构成变压器的主保护。

变压器电流速断保护单相原理接线示意图如图 7-7 所示，保护接在变压器的电源侧，动作时跳开变压器两侧断路器。

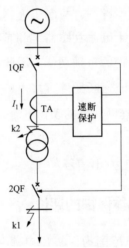

图 7-7　变压器电流速断保护单相原理接线示意图

电流速断保护与线路电流保护 I 段原理相同，作为变压器主保护，动作无延时，只有利用动作电流保证保护的选择性，因此，动作电流整定按躲过变压器负荷侧母线短路时流过保护的最大短路电流，并躲过变压器空载投入时励磁涌流。显然电流速断保护动作电流数值较大，只能保护变压器一部分绕组（高压侧）的相间短路故障。

变压器电流速断保护灵敏度按照保护安装处短路时的最小短路电流校验，

规程要求 $K_{sen} \geqslant 2$。当灵敏度不满足要求时，可以改用差动保护。

二、跌落式熔断器

跌落式熔断器在短路电流通过后，装有熔丝的管子自由下落，是一种短路和过负荷保护装置。跌落式熔断器的关键部件是熔丝管，熔丝组件安装在熔丝管内，正常时依靠作用在熔体的拉力使熔丝管保持在合闸位置。当熔丝在短路电流作用下熔断时，熔丝管在重力作用下跌落，断开一次系统。跌落式熔断器安装有消弧栅，允许切断一定大小的负荷电流。

跌落式熔断器主要用作配电变压器、电容器组、短段电缆线路、架空线路分段或分支线路的短路故障保护。图 7-8 所示的跌落式熔断器作为 10kV 变压器保护，其中 FU 为熔断器。

在使用跌落式熔断器时，应按照额定电压、额定电流和额定开断电流选择，并特别注意熔断器的下限开断电流。跌落式熔断器的下限开断电流相当于保护功能的整定值，应保证在熔断器安装处出现需要保护的最小短路电流时，熔断器能够可靠跌落，实现可靠切除短路故障的功能。

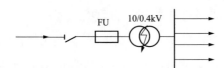

图 7-8　跌落式熔断器作为 10kV 变压器保护示意图

第五节　后备保护及过负荷保护

一、变压器相间短路的后备保护

变压器相间短路的后备保护，反应变压器区外故障引起的变压器过电流，并作为变压器差动保护或电流速断保护和气体保护的后备保护。作为后备保护，其动作时限与相邻元件后备保护配合，按阶梯原则整定；其灵敏度按近后备和远后备两种情况校验。

根据变压器容量及短路电流水平，常用的变压器相间短路的后备保护有过电流保护、低电压启动的过电流保护、复合电压启动的过电流保护、负序过电流保护、阻抗保护等。

1. 过电流保护

变压器过电流保护与线路定时限过电流保护原理相同，装设在变压器电源侧，由电流元件和时间元件构成，保护动作后切除变压器。电流元件的动作电流按躲过变压器可能出现的最大负荷电流整定。

2. 低电压启动的过电流保护

低电压启动的过电流保护由电流元件、电压元件、时间元件等构成，变压器低电压启动的过电流保护原理框图如图 7-9 所示。电流元件接在变压器电源侧电流互感器 TA 二次侧，分别反应三相电流增大时动作；电压元件接在降压变压器低压侧母线电压互感器 TV 二次侧线电压，分别反应三相线电压降低时动作。当同时有电流元件和电压元件动作时，经过与门 Y 启动时间电路 T1，延时跳开变压器两侧断路器 1QF 和 2QF。

低电压启动的过电流保护，是在定时限过电流保护的基础上增加了低电压启动条件。由于采用了低电压元件，可以保证最大负荷时保护不动作，电流元件动作电流整定可以按照躲过变压器额定电流，显然数值比定时限过电流保护的动作电流小，因此提高了保护的灵敏度。低电压元件动作电压整定，按照躲过正常运行母线可能出现的最低工作电压，并在外部故障切除后电动机自启动过程中必须返回。

如果一次主接线采用母线分段接线，作为变压器相间短路的后备保护，应该带有两段时限，以较短时限跳开分段断路器，缩小故障影响范围。如果故障仍然存在，则以较长时限跳开变压器各侧断路器。

3. 复合电压启动的过电流保护

如果将图 7-9 所示保护的三个低电压元件改为负序电压元件和单个低电

压元件，可构成复合电压启动的过电流保护。复合电压启动的过电流保护与低电压启动的过电流保护比较，可以简化保护接线，并提高不对称短路时保护的灵敏度。

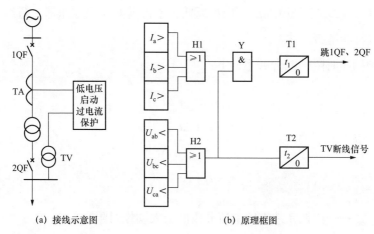

(a) 接线示意图　　　　　　　(b) 原理框图

图 7-9　低电压启动的过电流保护原理框图

二、变压器接地（零序）保护

变压器接地保护也称为变压器零序保护，用于中性点直接接地系统中，作为变压器高压侧绕组及引出线接地短路、变压器相邻元件接地短路的后备保护。根据变压器中性点接地运行方式不同，接地保护设置也有区别。

1. 中性点直接接地运行的变压器接地保护

中性点直接接地运行的变压器，接地保护通常采用两段式零序电流保护，保护原理框图如图 7-10 所示。变压器中性点通过接地开关 QS 接地，当变压器星形侧绕组以及连接元件发生接地短路时，零序电流流过变压器中性点，保护零序电流取自变压器中性点电流互感器二次侧。

两段式零序电流保护包括零序电流 I 段和零序电流 II 段，其中零序电流 I 段与相邻元件零序电流 I 段或 II 段配合整定，零序电流 II 段与相邻元件零序电流后备段配合整定。保护的每一段均设置两个时限，其中以较短时限 t_1 或 t_3 跳开母联断路器 QF，以缩小故障影响范围，以较长时限 t_2 或 t_4 跳开变压器两侧断路器 1QF 和 2QF。

举例来讲，如果接地故障发生在母线 I 连接的元件上（例如母线 I 本身，或者接于母线 I 的线路，此线路就是上面所说的相邻元件），当母联断路器 QF 跳闸后，故障已经被隔离，保护返回，不再需要切除变压器，母线 II 连接部分可以继续运行。

保护动作时限的配合关系如下：

$$\left.\begin{aligned}
t_1 &= t_{\mathrm{II \cdot max}} + \Delta t \\
t_2 &= t_1 + \Delta t \\
t_3 &= t_{\mathrm{III \cdot max}} + \Delta t \\
t_4 &= t_3 + \Delta t
\end{aligned}\right\} \tag{7-5}$$

式中　$t_{\mathrm{II \cdot max}}$——相邻元件零序电流 II 段的最大动作时限；

　　　$t_{\mathrm{III \cdot max}}$——相邻元件零序电流后备段的最大动作时限。

在微机保护中，零序电流还可以自产获得，即利用输入装置的三相电流求和得到 $3\dot{I}_0$。

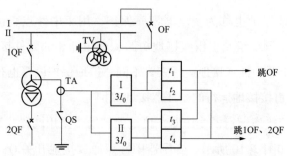

图 7-10　变压器两段式零序电流保护原理框图

2. 中性点可能接地或不接地运行的变压器接地保护

中性点可能接地或不接地运行的变压器接地保护由零序过电流保护和零序过电压保护构成。其中零序过电流保护仍然设置为两段式零序电流保护，作为当变压器中性点接地运行时的保护方式，零序过电压保护作为变压器中性点不接地运行时的保护方式。例如，中性点有放电间隙的分级绝缘变压器接地保护原理框图如图 7-11 所示，两段式零序电流保护部分可参见图 7-10。

图中零序过电压保护由零序电压元件和时间元件组成，其动作电压整定原则为躲过系统中有接地中性点情况下发生单相接地短路时，保护安装处可能出现的最大零序电压。其动作时限不需与其他保护配合，只考虑躲过接地故障的暂态过程即可，一般整定为 0.3 ~ 0.5s。

如果变压器中性点接地运行，QS 合闸，发生单相接地短路时，中性点出现零序电流，两段式零序电流保护启动，动作情况如图 7-10 所示。如果变压器中性点不接地运行，QS 打开，当发生单相接地短路时，若放电间隙击穿，则间隙零序电流保护动作，瞬时经或门出口；若放电间隙未击穿，当系统内所有中性点接地运行的变压器都退出后，零序过电压保护动作，经或门出口。

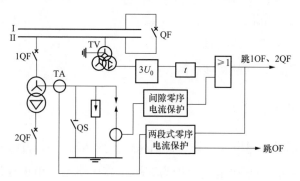

图 7-11　中性点有放电间隙的分级绝缘变压器接地保护原理框图

三、过负荷保护

变压器过负荷通常是三相对称的，所以过负荷保护只接一相电流，经过延时发出信号。对于双绕组变压器，过负荷保护装在电源侧。对于单侧电源三绕组降压变压器，如果三侧容量相同，过负荷保护装在电源侧；如果三侧容量不相同，过负荷保护分别装在电源侧和容量较小一侧。对于双侧电源三绕组降压变压器或联络变压器，过负荷保护分别装在三侧。

参考题

一、选择题

1.变压器电流速断保护利用（　　　）保证保护的选择性。

A.动作时间 　　　　 B.动作电流 　　　　 C.动作电压

2.变压器漏油时造成油面下降将发出（　　　）。

A.轻瓦斯信号 　　　　 B.重瓦斯信号 　　　　 C.保护跳闸信号

3.变压器油箱内故障包括绕组间的相间短路、一相绕组匝间短路及（　　　）等。

A.引出线上的相间故障

B.引出线的套管闪络故障

C.绕组与铁芯之间的接地故障

二、判断题

1.变压器保护中过电流保护、瓦斯保护为变压器的后备保护。（　　　）

2.变压器保护中零序电流保护为变压器高压绕组及引出线接地短路、变压器相邻元件接地短路的后备保护。（　　　）

3.变压器差动保护从原理上能够保证选择性，动作时间整定为0.5s。（　　　）

高压电动机保护

电动机是电力系统生产过程中的关键辅助设备，本章所述高压电动机主要指交流 3~10kV 供电电压的异步电动机。首先介绍高压电动机故障及特点、异常运行状态，引出相应配置的电动机继电保护装置，然后介绍具体保护的构成、实现原理和特点。

第一节　高压电动机故障和异常运行状态及其保护方式

　　高压电动机通常指 3~10kV 供电电压的电动机，运行中可能发生的主要故障有电动机定子绕组的相间短路故障（包括供电电缆相间短路故障）、单相接地短路以及一相绕组的匝间短路。电动机最常见异常运行状态有启动时间过长、一相熔断器熔断或三相不平衡、堵转、过负荷引起的过电流、供电电压过低或过高。

　　定子绕组的相间短路是电动机最严重的故障，将引起电动机本身绕组绝缘严重损坏、铁芯烧伤，同时，将造成供电电网电压的降低，影响或破坏其他用户的正常工作。因此，要求尽快切除故障电动机。

　　高压电动机的供电网络一般是中性点非直接接地系统，高压电动机发生单相接地故障时，如果接地电流大于 10A，将造成电动机定子铁芯烧损，另外单相接地故障还可能发展成匝间短路或相间短路。因此视接地电流大小可切除故障电动机或发出报警信号。

　　电动机一相绕组匝间短路时故障相电流增大，其电流增大程度与短路匝数有关，因而破坏电动机的对称运行，并造成局部严重发热。

　　电动机启动时间过长、两相运行、堵转、过负荷等，将使电动机绕组温升超过允许值，加速绝缘老化，降低电动机的使用寿命，严重时甚至烧毁电动机。

第二节　高压电动机保护配置

　　高压电动机通常装设纵差动保护和电流速断保护、负序电流保护、启动时间过长保护、过热保护、堵转保护（过电流保护）、单相接地保护（零序电流保护）、低电压保护、过负荷保护等。

一、纵差动保护和电流速断保护

反应电动机定子绕组相间短路故障，根据电动机容量大小，可以采用电流速断保护或电流纵差动保护。电流速断保护用于容量小于 2MW 的电动机，宜采用两相式；电流纵差动保护用于容量为 2MW 及以上的电动机，或容量小于 2MW 但电流速断保护不能满足灵敏度要求的电动机。保护动作于跳闸。

二、负序电流保护

作为电动机匝间、断相、相序接反以及供电电压较大不平衡的保护，对电动机的不对称短路故障也具有后备作用。负序电流保护动作于跳闸。

三、启动时间过长保护

反应电动机启动时间过长，当电动机的实际启动时间超过整定的允许启动时间时，保护动作于跳闸。

四、过热保护

反应任何原因引起定子正序电流增大或出现负序电流导致电动机过热，保护动作于告警、跳闸、过热禁止再启动。

五、堵转保护（正序过电流保护）

反应电动机在启动过程中或在运行中发生堵转，保护动作于跳闸。

六、接地保护

电动机单相接地故障的自然接地电流（未补偿过的电流）大于 5A 时需装设单相接地保护。

接地故障电流为 10A 及以上时，保护带时限动作于跳闸；接地故障电流为 10A 以下时，保护动作于跳闸或发信号。

七、低电压保护

低电压保护反应电动机供电电压降低，应装于电压恢复时为保证重要电动机的启动而需要断开的次要电动机，或不允许（不需要）自启动的电动机。

八、过负荷保护

运行过程中易发生过负荷的电动机应装设过负荷保护，过负荷保护可动作于报警或跳闸。

第三节 电动机的相间短路保护

一、电流速断保护

电流速断保护作为容量小于 2MW 电动机的相间短路的主保护，保护动作于跳闸。为了在电动机内部及电动机与断路器之间的连接电缆上发生故障时，保护均能动作，保护用电流互感器安装应尽可能靠近断路器，其接线示意图如图 8-1（a）所示。

电流速断保护在电动机启动时不应动作，同时兼顾保护的灵敏度，所以有高、低两个整定值。其中，高定值电流速断保护的动作电流，按照躲过电动机的最大启动电流整定；低定值电流速断保护在电动机启动后投入，其动作电流应躲过外部故障切除后电动机的最大自启动电流，以及外部三相短路故障时电动机向外提供的最大反馈电流。保护动作逻辑如图 8-1（b）所示，其中，延时 t_1 用于躲开电动机启动开始瞬间的暂态峰值电流；延时 t_2 用于接触器控制的电动机，可整定为 0.3s，对于断路器控制的电动机，此时间可整定为 0s。

当电动机采用熔断器高压接触器（F-C）控制时，电流速断保护增设延时，应该与熔断器配合，延时时间大于熔断器的熔断时间并有一定的裕度。

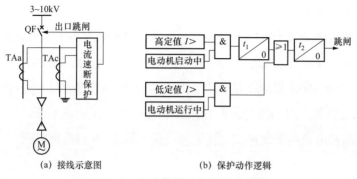

图 8-1 电动机瞬时电流速断保护

二、纵差动保护

电流纵差动保护用于容量为 2MW 及以上或容量小于 2MW 但电流速断保护不能满足灵敏度要求的电动机，作为电动机定子绕组及电缆引线相间短路故障的主保护。电动机容量在 5MW 以下时，采用两相式接线；5MW 以上时，采用三相式接线，以保证发生一点接地在保护区内、另一点接地在保护区外时，纵差动保护能够动作，跳开电动机。电动机差动保护接线示意图（两相式）如图 8-2 所示，机端电流互感器与中性点侧电流互感器型号相同，变比相同，保护动作瞬时跳开电动机断路器。

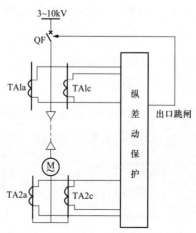

图 8-2 电动机差动保护接线示意图

保护采用比率制动特性，应保证：

（1）躲过电动机全电压下启动时，差动回路的最大不平衡电流；

（2）躲过外部三相短路电动机向外供给短路电流时，差动回路的不平衡电流；

（3）最小动作电流应躲过电动机正常运行时，差动回路的不平衡电流。

电流互感器二次回路断线时应闭锁保护，并发出断线信号。纵差动保护中还设有差动电流速断保护，动作电流一般可取 3 ~ 8 倍额定电流。

第四节　电动机的其他电流保护

一、负序电流保护（不平衡保护）

负序电流保护主要针对各种非接地的不对称故障，例如电动机匝间短路、断相、相序接反以及供电电压较大不平衡等，并对电动机的不对称短路故障也具有后备作用。负序电流保护动作于跳闸，其动作时限特性，可以根据需要选择定时限特性或反时限特性。

为了防止发生外部不对称短路故障时，电动机的反馈负序电流可能引起保护误动作，根据异步电动机内部、外部不对称短路时 I_2/I_1（I_2 为负序电流，I_1 为正序电流）不同，闭锁负序电流保护。可以证明，当电动机的负序电流大于正序电流时，可判定为外部发生两相短路；当负序电流小于正序电流时，可判定为内部发生两相短路。因此可采用判据，当满足 $I_2 \geq 1.2I_1$ 条件时，闭锁负序电流保护；当满足 $I_2 < 1.2I_1$ 条件时，自动解除闭锁。

负序电流保护（不平衡保护）逻辑框图如图 8-3 所示。

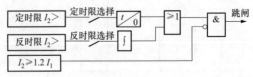

图 8-3　负序电流保护（不平衡保护）逻辑框图

二、过热保护

过热保护综合考虑电动机正序电流、负序电流所产生的热效应，为电动机各种过负荷引起的过热提供保护，也作为电动机短路、启动时间过长、堵转等后备保护。通常采用等效运行电流模拟电动机的发热效应，即

$$I_{eq} = \sqrt{K_1 I_1^2 + K_2 I_2^2} \qquad (8-1)$$

式中　I_{eq}——等效运行电流；

　　I_1、I_2——正序电流、负序电流；

　K_1、K_2——正序电流发热系数、负序电流发热系数。

根据电动机的发热模型，并考虑电动机过负荷前的热状态，电动机在时间 t 内的积累过热量为

$$H = \left[I_{eq}^2 - (1.05 I_N)^2 \right] t \qquad (8-2)$$

式中　H——电动机的积累过热量；

　　I_N——电动机的额定电流。

电动机过热保护由过热告警、过热跳闸、过热禁止再启动构成，其逻辑框图如图 8-4 所示，图中 H_R 为过热积累告警定值，H_T 为过热积累跳闸定值，H_B 为过热积累闭锁电动机再启动定值。如果电动机的过热积累跳闸定值为 $H_T = I_N^2 \tau$（τ 为发热时间常数，反映电动机的过负荷能力，可由厂家提供），则电动机过热保护的定值可整定为

$$\left.\begin{array}{l} H_R = (0.7 \sim 0.8) I_N^2 \tau \\ H_B = 0.5 I_N^2 \tau \end{array}\right\} \qquad (8-3)$$
$$H_T = I_N^2 \tau$$

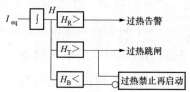

图 8-4　电动机过热保护逻辑框图

电动机被过热保护跳闸时，禁止再启动回路动作，电动机不能再启动；电动机过热跳闸后，随着散热，其积累过热量逐渐减小，当减小到 H_B 值以下时，禁止再启动回路解除，允许电动机再启动。

三、堵转保护（正序过电流保护）

电机堵转是指电机在转速为 0 时仍然输出扭矩的情况。当电动机在启动过程中或运行中发生堵转，转差率为 1，电流急剧增大，可能造成电动机烧毁，因此装设堵转保护。电动机堵转保护采用正序电流构成，定时限动作特性，保护的动作时间，按最大允许堵转时间整定，保护动作于跳闸。有的保护装置在启动条件中引入转速开关触点。电动机堵转保护逻辑框图如图 8-5 所示。

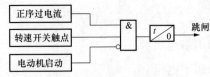

图 8-5　电动机堵转保护逻辑框图

保护在电动机启动时自动退出，启动结束后自动投入；对于电动机启动过程中发生的堵转，由启动时间过长保护起作用。正序过电流保护也可作为电动机的对称过负荷保护。

四、零序电流保护

电动机的接地故障电流大小取决于供电系统的接地方式，即供电变压器的中性点接地方式。电动机中性点不接地，而供电变压器的中性点可能不接地、经消弧线圈接地、经电阻接地。在中性点不接地或经高阻接地系统中，故障电流仅有几安培；在中阻接地系统中，故障电流为几百安培。对于具有较高接地电流水平的电动机，可以采用三相都装电流互感器，由三相电流之和取得零序电流，实现零序电流保护，其原理接线示意图如图 8-6 所示，TAN 为零序电流互感器。零序保护可通过控制字选择投报警或跳闸。

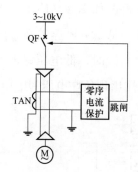

图 8-6　电动机零序电流保护原理示意图

五、过负荷保护

电动机的过负荷保护的动作对象根据需要可设置动作于跳闸或动作于信号，动作特性应考虑电动机的过负荷承受能力，动作时间与电动机允许的过负荷时间相配合。为了简化电动机的过负荷保护，可以采用定时限特性的过负荷保护，保护动作时限应大于电动机的启动时间，一般取 9 ~ 16s。

第五节　电动机的电压保护

一、电动机的低电压保护

当电动机供电网络电压降低时，电动机转速会下降；当电动机供电电压恢复时，电动机自启动，从电网吸收大于额定电流数倍的启动电流，造成供电电压无法迅速恢复到工作电压，从而又反过来影响电动机自启动。因此，为了防止电动机自启动过程中，供电电压长时间处于低电压不能恢复，在次要电动机装设低电压保护，在供电电压降低时退出，保证重要电动机的启动。另外对于不允许或不需要自启动的电动机、供电电源消失后需要从电网中断开的电动机也应装设低电压保护。

电动机低电压保护逻辑框图如图 8-7 所示。当三个相间电压均低于整定值时，判断为供电电网电压降低，并断路器在合闸位置，经延时跳闸。电压互感器一次侧或二次侧发生断线时，低电压保护不应动作，保护设置了电压回路断线闭锁，例如可以采用出现负序电压为电压回路断线判据。

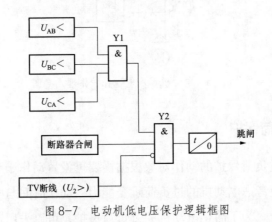

图 8-7　电动机低电压保护逻辑框图

二、电动机过电压保护的构成

当供电电网电压过高时，会引起电动机铜损和铁损增大，增加电动机的温升。因此，有些保护装置设置过电压保护。当三个相间电压均高于整定值时，保护经延时跳闸。

参考题

一、选择题

1. 当电动机的容量小于 2MW 且电流速断保护不能满足灵敏度要求的电动机采用（　　）。

A. 低电压保护　　　　　B. 启动时间过长保护　　　　C. 纵差动保护

2.电动机单相接地故障的自然接地电流（未补偿过的电流）大于 5A 时需装设（   ）。

A.低电压保护   B.堵转保护   C.单相接地保护

3.电动机的各种非接地的不对称故障包括电动机匝间短路、断相、（   ）以及供电电压较大不平衡等。

A.三相短路   B.过负荷   C.相序接反

二、判断题

1.当电动机供电网络电压降低时，电动机转速会升高。（   ）

2.电动机的过负荷保护采用定时限特性时，保护动作时限应大于电动机的启动时间，一般取 9 ~ 16s。（   ）

3.电动机的外部发生两相短路，电动机的负序电流大于正序电流。（   ）

自动装置

　　电力系统自动装置对保障电力系统安全经济运行、提高供电可靠性起到十分重要的作用。自动装置可分为自动调节装置和自动操作装置。本章主要介绍自动操作装置。自动操作装置的操作对象是断路器，自动操作的目的是提高供电可靠性和保证电网安全运行。自动操作装置包括备用电源自动投入装置、线路自动重合闸装置、低频减载装置等。

第一节　备用电源自动投入装置

一、备用电源自动投入的作用

备用电源自动投入装置，是当工作电源因故障自动跳闸后，自动迅速地将备用电源投入的一种自动装置，简称备自投装置。备用电源自动投入装置动作时，通过合备用线路断路器或备用变压器断路器实现备用电源的投入，继续对负荷供电，有效提高了供电可靠性。

在变电站，备用电源自动投入装置保证在工作电源故障退出后能够继续获得电源，使变电站的所用电正常供电，显然有效地提高了供电的可靠性。

二、对备用电源自动投入装置的基本要求

参照有关规程，对备自投装置的基本要求可归纳如下：

（1）应保证工作电源断开后，备用电源才能投入。这一要求的目的是防止将备用电源投入到故障上，造成备自投装置动作失败，甚至扩大故障，加重设备损坏。

（2）工作母线不论任何原因电压消失，备用电源均应投入。手动断开工作回路时，不启动自动投入装置。工作母线失压的原因包括供电电源故障、供电变压器故障、母线故障、线路故障但线路断路器未跳闸、断路器误跳闸等，这些情况造成工作母线失压时，备自投装置均应动作。但当备用电源无电压时备自投装置不应动作。

（3）备用电源只能投入一次。备自投装置动作，如果合闸于持续性故障，则备用电源或备用设备的继电保护会加速将备用电源或备用设备断开。此时若再投入备用电源，不但不会成功，而且使备用电源或备用设备、系统再次遭受故障冲击，可能造成扩大事故、损坏设备等严重后果。

（4）备用电源投于故障时，继电保护应加速动作。

（5）电压互感器二次断线时装置不应动作。工作母线失压时备自投装置均应动作，而备自投装置是通过电压互感器判断母线电压是否失压的。当电压互感器二次断线时，备自投装置感受为母线失压，但此时实际母线电压正常，因此备自投装置不应动作。

（6）备自投装置动作时间应以负荷停电时间尽可能短为原则，以减少电动机的自启动时间。但应考虑故障点的去游离和绝缘恢复时间，以保证装置动作成功。

三、备用电源自动投入的一次接线方案

备用电源自动投入的一次接线方案形式多样，按照备用方式可以分为明备用和暗备用。

明备用又称为专用备用，是指正常情况下备用电源不带负载，专门用于备用，当主供电源失去后才投入备用电源，并带所有负载。明备用正常情况下有明显断开的备用电源或备用设备或备用线路。

暗备用又称为互为备用，正常情况下各路电源给各自负载供电，当某路电源失去后，其所带负载由其他电源供电。暗备用正常情况下没有断开的备用电源或备用设备，而是工作在分段母线状态，靠分段断路器取得相互备用。

根据我国变电站一次主接线情况，备用电源自动投入的主要一次接线方案有如下几种。

1. 低压母线分段备自投接线

低压母线分段备自投一次接线如图 9-1 所示。正常运行时，分段断路器 3QF 断开，断路器 1QF、2QF 闭合，母线分段运行，1 号电源和 2 号电源带各自负荷并互为备用，是暗备用方式。可以称 1 号电源为 I 段母线的主供电源、II 段母线的备用电源；2 号电源为 II 段母线的主供电源、I 段母线的备用电源。因此，备自投装置的动作过程可以描述为：主供电源失电或供电变压器故障跳闸时，跳开主供电源断路器，在确认断路器跳开后，判断备用电源正常运行，闭合分

段断路器。具体可以分为以下两种情况。

Ⅰ段母线任何原因失电（如1号电源失电或变压器T1故障）时，跳开1QF，确认进线无电流，再判断Ⅱ段母线正常运行时闭合3QF，恢复对Ⅰ段母线上所接负载的供电。

Ⅱ段母线任何原因失电（如2号电源失电或变压器T2故障）时，跳开2QF，确认进线无电流，再判断Ⅰ段母线正常运行时闭合3QF，恢复对Ⅱ段母线上所接负载的供电。

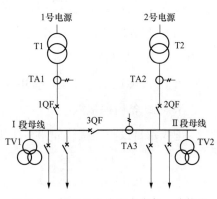

图9-1 低压母线分段备自投一次接线

2. 变压器备自投接线

变压器备自投一次接线如图9-2所示。

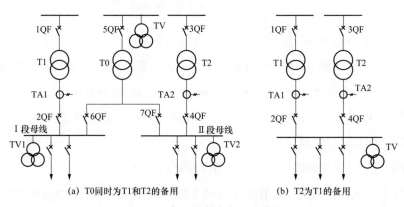

(a) T0同时为T1和T2的备用   (b) T2为T1的备用

图9-2 变压器备自投一次接线

图9-2（a）中T1和T2为工作变压器、T0为备用变压器且平时不带负载，专门用于备用，是明备用方式。正常运行时，Ⅰ段母线和Ⅱ段母线分别通过变压器T1和T2供电，即1QF和2QF合闸，3QF和4QF合闸，5QF、6QF和7QF断开；当Ⅰ段（或Ⅱ段）母线任何原因失电时，断路器2QF和1QF（或4QF和3QF）跳闸，若母线进线无流、备用母线有电压，5QF、6QF（或5QF、

7QF）合闸，投入备用变压器 T0，恢复对 I 段母线（或 II 段母线）负荷的供电。

图 9-2（b）中 T1 为工作变压器、T2 为备用变压器且平时不带负载，专门用于备用，是明备用方式。正常运行时，通过工作变压器 T1 给负荷母线供电；当 T1 故障退出后，投入备用变压器 T2。

3. 进线备自投接线

进线备自投一次接线如图 9-3 所示。

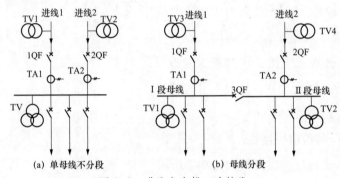

(a) 单母线不分段　　　　　　(b) 母线分段

图 9-3　进线备自投一次接线

图 9-3（a）为单母线不分段接线，断路器 1QF 和 2QF 一个合闸（作为工作线路），另一个断开（作为专用备用线路），显然是明备用方式。例如线路 1 工作、线路 2 备用时，则 1QF 处于合闸状态、2QF 处于断开状态。当母线因各种原因失压时，1QF 跳开，检测工作线路无电流、备用线路有电压，则合闸 2QF，恢复对母线连接负荷供电。

图 9-3（b）为母线分段接线，有三种运行方式：

（1）方式一。线路 1 工作带 I 段和 II 段母线负荷，1QF 和 3QF 合闸状态，线路 2 不带负荷，专门用于备用、2QF 断开状态，是明备用方式。

（2）方式二。线路 2 工作带 I 段和 II 段母线负荷，2QF 和 3QF 合闸状态，线路 1 不带负荷，专门用于备用、1QF 断开状态，是明备用方式。

（3）方式三。线路 1 和线路 2 都工作，分别带 I 段和 II 段母线负荷，1QF 和 2QF 合闸状态、3QF 断开状态，即母线工作在分段状态，是暗备用方式，当任一母线失去电源时，通过合闸分段断路器从另一供电线路取得电源。

四、备用电源自动投入逻辑

以图9-3（b）母线分段进线备自投一次接线为例，针对方式三说明微机型备用电源自动投入部分逻辑。

如图9-4所示，图9-4（a）为备自投就绪逻辑，"备自投充电标志"表示装置就绪，允许启动自投；图9-4（b）为闭锁逻辑，当"清备自投充电标志"后则不允许启动自投；图9-4（c）为失去进线1（进线2）电源，由进线2（进线1）带全部负荷的自动投入逻辑。

对于其他一次系统接线和运行方式的备用电源自动投入逻辑，可参照实现。

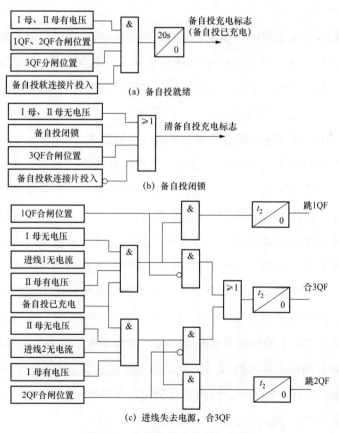

图9-4　备用电源自动投入逻辑

第二节 自动重合闸及其他自动装置

一、自动重合闸

1. 自动重合闸的作用

在电力系统中，线路是发生故障最多的元件，线路故障分为瞬时性故障和永久性故障两种。运行经验表明，架空线路故障大多数为瞬时性的，永久性故障一般不到10%。

瞬时故障有雷击过电压引起的绝缘子表面闪络、大风引起短时碰线、线路对树枝放电、鸟害或风筝线索等落在导线上引起短路等。对瞬时性故障，当故障线路由断路器跳闸与电源断开后，故障点经过去游离，电弧可以熄灭，绝大多数情况下绝缘可以自动恢复，故障随即自动消除，这时如果重新使断路器合闸，往往能够恢复供电，从而提高供电可靠性。

永久性故障有绝缘子击穿或损坏、线路倒杆或断线等引起的故障。对永久性故障，即使故障线路与电源断开，故障仍然存在，如果重新使断路器合闸，继电保护会再次动作将已合闸的断路器再次跳开，供电不能得到恢复。

线路上发生瞬时性故障时，重合断路器的工作如果由运行人员手动操作进行，则停电时间太长，降低了供电的可靠性和重合闸的成功率，因此在电力系统中广泛采用自动重合闸装置。线路上发生故障，继电保护动作使断路器跳闸后，使断路器自动合闸的装置称为自动重合闸装置，实际上，自动重合闸装置是将非正常操作断开的断路器按需要自动重新合闸的一种自动装置。

自动重合闸成功次数除以重合闸应该动作的总次数的百分数称为重合闸成功率。运行统计资料表明，线路重合闸成功率很高，约在60%～90%。

线路采用自动重合闸装置后，其作用可归纳如下：

（1）发生瞬时故障时自动恢复正常供电，提高供电可靠性；

（2）弥补继电保护选择性不足，纠正各种情况造成的断路器的误跳闸；

（3）与继电保护配合，在很多情况下能够加速切除故障；

（4）对双侧电源供电的线路，提高并列运行的稳定性。

但是当断路器重合闸于永久性故障时，故障电流再次出现，继电保护再次动作跳开断路器切除故障，这一过程会带来一些不良影响，主要有：

（1）使电力系统以及一些电气设备再次受到故障冲击；

（2）断路器负担加重，在很短时间内两次切断短路电流。

2. 对自动重合闸装置的基本要求

为了使自动重合闸装置有效地发挥作用，必须满足一定的基本要求。参照有关规程，自动重合闸装置必须满足如下基本要求：

（1）自动重合闸按照控制开关位置与断路器位置不对应的原理启动，即控制开关在合闸后位置，而断路器实际在断开位置时启动自动重合闸，并以继电保护动作启动为辅。此时，断路器是非正常操作断开。

（2）用控制开关或通过遥控装置将断路器操作跳闸时，自动重合闸不应动作；用控制开关或通过遥控装置将断路器操作合闸于故障线路，随即继电保护动作使断路器跳闸时，自动重合闸不应动作。后者的故障在合闸前就已经存在，一般是永久性故障，故都不应该重合闸。

（3）在任何情况下，自动重合闸的动作次数应符合预先规定的次数，不允许任意多次重合断路器。电力系统以及电气设备的选择都是与自动重合闸动作次数相对应的，如果自动重合闸的动作次数不符合预先规定，即断路器多次重合到故障，并需要切断短路电流，则电力系统多次受到冲击，断路器的灭弧能力下降，设备可能遭到破坏，引起故障扩大。

（4）自动重合闸动作后应能够自动复归，准备好再次动作。

（5）自动重合闸应具有接收外来闭锁信号的功能。不允许实现重合闸时，应自动将重合闸功能闭锁，例如，断路器处于不正常状态（如气压或液压过低）、某些继电保护（如母线保护）和自动装置（如按频率降低自动减负荷装置）动作，不应自动重合闸。

（6）自动重合闸装置应能与继电保护配合，实现重合闸后加速继电保护，或重合闸前加速继电保护。

（7）在双侧电源线路上实现自动重合闸，应考虑合闸时两侧电源间的同步问题。

自动重合闸装置按照不同特征有多种分类方法，例如，按照重合闸作用断路器的方式，可以分为三相重合闸、单相重合闸和综合重合闸；按照重合闸的动作次数，可以分为一次重合闸、二次（多次）重合闸；按照一次系统情况，可以分为单侧电源重合闸、双侧电源重合闸等。

自动重合闸实质上是通过将非正常跳开的断路器试探性合闸，利用瞬时性故障绝缘自动恢复的特点，重新恢复供电，从而提高供电可靠性。而变压器、母线故障多是永久性故障，因此，母线和变压器保护动作后，一般不采用自动重合闸装置。

二、按频率降低自动减负荷

频率是电力系统运行的一个重要质量指标，反映电力系统有功功率供需平衡的状态，并且全系统各点基本上是统一频率。在系统正常运行时，系统的总发电功率随时满足负荷总需求，系统频率保持额定值。在电力系统事故情况下，可能出现较大的有功功率缺额，造成整个电力系统的频率较大幅度下降。这种事故性频率降低将对电力系统产生不良后果，使频率质量下降，发电厂汽轮机叶片受损和出力降低，严重情况下造成电力系统频率崩溃，破坏系统的稳定运行。

为了保证电力系统安全运行，保证电网频率质量，在电力系统中，有功功率必须留有足够的运行备用容量，并且在发生大的功率缺额时采用按频率降低自动减负荷装置，也称自动低频减载装置。自动低频减载装置按照频率下降的不同程度，自动分级（按轮）断开相应的非重要负荷，阻止频率下降，以便频率迅速恢复。

有关规程规定，在电力系统中，应装设足够数量的自动低频减载装置。当电力系统出现最严重的功率缺额时，自动低频减载装置能够有计划地按照频率下降情况自动减去足够量的次要负荷，使频率恢复到一定数值，从而保证电力系统的安全运行和向重要负荷的不间断供电。因此，自动低频减载装置的作用有：

（1）保证电力系统安全稳定运行；

（2）保证重要负荷用电。

三、按电压降低自动减负荷

电力系统的电压与无功功率密切相关，由于无功功率不能远距离输送，所以无功电源与无功负荷基本就地平衡，电压具有区域性或地区性质，这与电网频率完全不同。

为了保证电力系统安全运行，保证电网电压质量，在电力系统中，无功功率必须留有足够的运行备用容量，并且当电力系统发生大的无功功率缺额时，在有可能发生电压崩溃的负荷中心区域，采用按电压降低自动减负荷装置。按电压降低自动减负荷装置同样是分级（按轮）动作，阻止电压下降，避免发生电压崩溃而造成大停电事故。

按电压降低自动减负荷装置的低电压元件的整定值应高于电压崩溃的临界电压，并留有一定的裕度。

参考题

一、选择题

1.电力系统中母线和变压器发生故障，一般（　　）重合闸。

A.必须采用　　　　　　　B.不采用　　　　　　　C.根据实际情况采用

2.运行统计资料表明，线路重合闸成功率很高，约为（　　）。

A.20%～30%　　　　　　B.40%～50%　　　　　　C.60%～90%

3.备用电源自动投入装置工作时，当备用电源无压时，备用电源自动投入装置（　　　）。

A.应迅速动作　　　　B.不应动作　　　　C.应延时动作

二、判断题

1.备用电源自动投入装置保证在工作电源故障退出后能够继续获得电源，使变电站的所用电正常供电。（　　）

2.备用电源自动投入装置动作时间主要考虑故障点去游离时间为原则，以减少电动机的自启动时间。（　　）

3.线路上发生绝缘子表面闪络等瞬时性故障，当使断路器重新合闸时将可以合闸成功。（　　）

第十章 | CHAPTER TEN

微机保护、变电站
自动化和智能变电站

微机保护采用微处理器、超大规模集成电路和数字计算技术，在构成原理上有很大的灵活性，能够实现复杂原理保护，保护性能更加完善。微机保护除常规保护功能外，还能实现故障录波、故障测距和通信等功能。变电站自动化将变电站中的二次设备经过功能组合和优化，集成为一体化的自动化系统，实现对全变电站的主要设备和输配电线路的自动监视和测量、自动控制和微机保护，为电网安全稳定运行提供保障。数字化变电站是在 IEC 61850 通信规范基础上，实现变电站内电气设备间信息共享和互操作的现代化变电站。

第一节 微机保护

微机保护是指将微型机、微控制器等器件作为核心部件构成的继电保护。传统的继电保护装置由继电器组成，这些继电器具有机械转动部件，存在动作速度慢，机械转动部分和触点容易磨损或粘连，维护调试复杂等问题。随着电力系统电压等级的提高和容量的扩大，对继电保护和自动装置提出更高的要求，继电保护装置的发展经历了机电型、整流型、晶体管式、集成电路式和微机保护几个阶段，微机保护已成为继电保护装置的主要形式。

一、微机保护的特点及构成

1. 微机保护的特点

（1）调试方便。在微机保护应用之前，传统的布线逻辑保护装置，调试工作量很大，尤其是一些复杂保护，调试一套保护常常需要一周，甚至更长时间。因为布线逻辑保护的所有功能都是由相应的元件和连线实现，为了确认保护装置是否完好，需要通过模拟试验校核所有功能。而微机保护的各种复杂功能是由软件程序实现，如果经检查，程序与设计时完全一样，就相当于布线逻辑的保护装置的各种功能已被检查完毕，因此极大加快了现场调试进度。

（2）可靠性高。通过执行程序指令，微机保护具有极强的综合分析和判断能力。微机保护可以实现常规保护很难办到的自动纠错，自动识别和排除干扰，防止由于干扰造成的误动作。同时，微机保护的自诊断功能，能够自动检测出硬件异常，配合多重化配置，有效防止拒动，可靠性很高。国内设计与制造的微机保护装置均按照国际标准的电磁兼容试验考核，进一步保证了装置的可靠性。

（3）提供更多功能。通过配置打印机及显示设备或通过网络连接到后台计算机监控系统，微机保护可以在电力系统发生故障后提供多种信息。例如保护动作时间和各部分的动作顺序记录、故障类型和相别及故障前后的电压和电流波形记录等，有助于运行部门对事故的分析和处理。对于线路保护，还可以提供测距功能，方便运行人员迅速定位故障点。

（4）适应性强。由于微机保护的特性和功能主要由软件决定，而不同原理的保护可以采用通用硬件。只要改变软件就可以改变保护的特性和功能，从而可以灵活地适应电力系统运行方式的变化和其他要求。

（5）提升保护性能。微机保护的应用为传统继电保护中存在的技术问题找到了新的解决办法。例如，变压器差动保护如何鉴别励磁涌流与内部故障等问题，在微机保护中均提供了完整解决方案。可以说只要找出正常与故障的区别特征，微机保护基本上都能予以实现。

2. 微机保护的基本构成

微机保护需要有信号测量、逻辑判断、出口执行等功能，并具备友好的人机接口功能，这些功能是通过硬件装置和执行程序完成的。因此微机保护的基本构成包括硬件和软件。

二、微机保护的硬件结构

典型的微机保护硬件结构示意框图如图 10-1 所示，由数据采集（模拟量输入）系统、开关量（数字量）输入/输出系统、微机主系统组成。

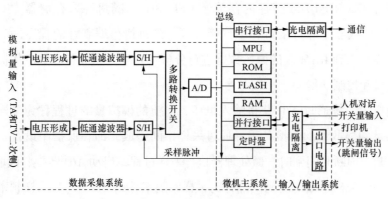

图 10-1　典型的微机保护硬件结构示意框图

（1）数据采集（模拟量输入）系统。典型的数据采集系统（或称模拟量输入系统）包括电压形成、模拟低通滤波、采样保持（S/H）、多路转换（MPX）、模数转换（A/D）等功能模块，完成将模拟量准确地转换为微型机能够识别的数字量。

微机保护的输入反应电力系统运行的电流和电压模拟量信号，而微机主系统只能处理数字信号，因此需要将模拟量转换成数字量，即通常所说的模数转换（A/D）。

（2）开关量（数字量）输入/输出系统。在保护工作过程中，需要检测大量的开关量，例如断路器和隔离开关的辅助触点、外部闭锁信号、断路器气压继电器触点等，这些触点的位置反应被保护对象的运行状态，参与实现保护功能；保护动作命令（跳闸、信号）是通过开关量输出接口送出，实现对断路器、信号灯、音响等的控制。

开关量输入/输出系统由微型机的并行接口、光电隔离器件、有触点的中间继电器等组成，完成各种保护的出口跳闸、信号、外部触点输入、人机对话、通信等功能。

在微机保护运行中，有时需要接受工作人员的干预，例如，整定值的输入和修改、对微机主系统的检查等，这些工作通过人机对话实现。

（3）微机主系统。微机主系统是微机保护的核心，包括微处理器（MPU）、只读存储器（ROM）或闪存内存单元（FLASH）、随机存取存储器（RAM）、定时器/计数器、并行接口和串行接口等。微机执行编制好的程序，对数据采集系统输入到 RAM 区的原始数据进行分析、处理，完成各种继电保护的测量、逻辑和控制功能。

微机主系统通过 A/D 获得输入电压、电流的模拟量的过程称为采样，完成输入量到离散量的转换。采样通过采样中断完成，即在保护中设置一个定时器中断，中断时间到时，微处理器执行采样过程，启动 A/D 转换、读取 A/D 转换结果。采样中断的时间间隔称为采样间隔 T_s，则 $f_s = 1/T_s$ 为采样频率。采样频率的选择是微机保护硬件设计中的关键问题之一，采样频率越高，越能真实反映被采样信号，但要求微处理器的计算速度越高；相反，采样频率过低，将不能真实地反映被测信号。因此，要真实反映被采样信号，采样频率必须满足采样定理要求，即 $f_s > 2f_{max}$（f_{max} 为被采样信号中所含最高频率成分的频率），工程一般取 $f_s = (2.5 \sim 3) f_{max}$。

另外，微机保护工作还需要电源，电源工作的可靠性直接影响保护装置的可靠性。微机保护的电源要求多电压等级且具有良好的抗干扰能力。

根据微机保护发展和应用情况分析，微机保护可以采用通用硬件平台方式。通用硬件平台基本要求：

（1）高可靠性。可靠性和抗干扰能力一直是微机保护研究的重要内容之一，涉及硬件和软件多个方面。

（2）开放性。硬件平台对于未来硬件的升级应具有开放性，随着硬件技术的发展，能够容易地对硬件进行局部或整体升级，而不影响保护对外接口，从而始终保证微机保护硬件性能的先进性。

（3）通用性。不同类型的保护装置应尽可能具有相同的硬件平台，减少备品备件数量，减少现场调试时间，缩短产品开发周期和减少开发工作量。

（4）灵活性和可扩展性。硬件平台应适应不同保护装置的需求，对于现场的不同保护应用和对资源的不同需求，可以方便地增减相应模块，完全不必对硬件重新设计。

（5）模块化。模块化硬件结构能够充分满足上述硬件平台的要求和特点，装置的硬件数量总体上减少，相互通用。

（6）与新型互感器接口。硬件平台设计应考虑与新型光学互感器和电子式互感器的方便连接。

三、微机保护的软件功能

各种不同功能、不同原理的微机保护，主要区别体现在软件上。因此，实现保护功能的关键，是将微机保护的算法与程序结合并合理安排程序结构，形成微机保护软件。

1. 保护算法

微机保护装置根据 A/D 转换提供的输入模拟量的采样数据进行分析、计算和判断，以实现各种继电保护功能的方法称为算法。按照算法的目标可以分为两大类：

（1）根据输入模拟量的采样值，通过一定的数学式或方程式计算出保护所反映的量值，然后与定值比较。这个过程相当于电磁式继电保护的某些复杂功能的继电器，例如为实现距离保护，可以根据电压、电流的采样值计算出阻抗，然后同给定的阻抗动作区比较。这类算法利用了微机能够进行数值计算的特点，能够实现许多布线逻辑保护无法实现的功能。

（2）直接模仿继电保护的实现原理，根据保护的动作原理直接判断故障是否发生在保护区内，而不计算出实际模拟量的具体数值。这个过程相当于电磁式继电保护的一套保护。同样以距离保护为例，可以直接模仿距离保护的实现方法，根据动作方程判断故障是否在动作区内，而不计算出具体的阻抗值。这类算法计算工作量略有减小，通过计算机特有的数字处理和逻辑运算功能，使某些保护的性能明显提高。

2. 保护软件构成及功能

在各种类型的继电保护中，电流保护是最简单的一种保护，也最容易理解。因此，以下以三段式电流保护为例，说明保护软件构成及功能。三段式电流保护流程图如图 10-2 所示，其中不包括人机接口等功能。

（1）系统程序。程序入口执行初始化模块，包括并行接口初始化、开关量状态保存、软硬件全面自检、标志清零、数据采集系统初始化（数据存储指针设置、采样间隔设计等）。

在开中断后，每间隔一个数据采集系统的采样间隔 T_s，定时器发出一个采样脉冲，产生中断请求，于是微型机暂停系统程序流程，转入执行一次中断服务程序，以保证对输入模拟量的采集，并执行一次保护的相关功能，计算判断保护是否应该动作。

（2）定时中断服务程序。定时中断服务程序的功能，包括控制数据采集系统完成数据采集，计算保护功能中用到的测量值，将计算值与整定值比较判断，时钟计时并实现保护动作时限，保护逻辑判断发出保护出口命令。

可见，实际上微型机是交替执行系统程序和中断服务程序，从而实现保护功能以及微机保护装置本身的自检、人机联系功能。

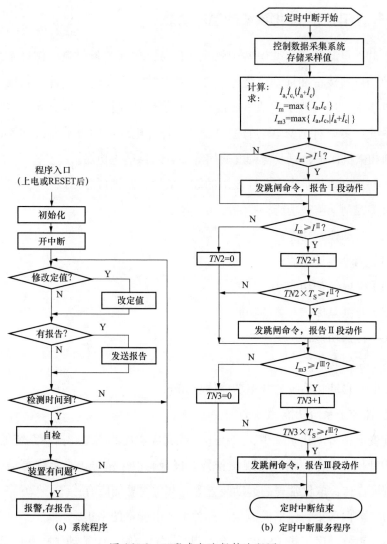

图 10-2　三段式电流保护流程图

第二节　变电站自动化

一、变电站自动化系统的基本功能

变电站自动化是将变电站中的二次设备，包括测量仪表、信号系统、继电保护、自动装置和远动装置等，经过功能的组合和优化设计，利用先进的计算机技术、现代电子技术、通信技术和信号处理技术，集成为一体化的自动化系统，实现对全变电站的主要设备和输配电线路的自动监视和测量、自动控制和微机保护，以及与调度通信等综合的自动化功能。

变电站自动化是多专业性技术的综合应用，归纳可分为以下几个功能组：

（1）控制、监视功能；

（2）自动控制功能；

（3）测量表计功能；

（4）继电保护功能；

（5）与继电保护有关的功能；

（6）接口功能；

（7）系统功能。

变电站自动化系统的基本功能体现如下。

1. 监控子系统功能

在变电站自动化系统中，监控子系统完成常规的测量和控制系统的任务，取代指针仪表显示；取代常规的告警、报警、中央信号、光字牌等信号；取代控制屏操作；取代常规的远动装置等。其主要功能应有：

（1）数据采集，包括模拟量、开关量、电能量的采集；

（2）事件顺序记录（SOE），包括断路器跳合闸、保护动作顺序记录；

（3）故障记录、故障录波和测距；

（4）操作控制，包括对断路器和允许电动操作的隔离开关、变压器分接头位置、电容器投切等的就地和远方操作控制；

（5）安全监视，例如电流、电压、频率、主变压器温度等的越限监视和越限报警，越限时间和越限值显示，装置工作正常监视；

（6）人机联系、打印，包括显示运行状态信息、参数、记录等，打印记录。

2. 微机保护子系统功能

在变电站自动化系统中，微机保护子系统应包括全变电站主要设备和连接线路的全套保护：

（1）线路的主保护和后备保护；

（2）主变压器的主保护和后备保护；

（3）无功补偿电容器组的保护；

（4）母线保护；

（5）非直接接地系统的单相接地选线。

微机保护是变电站自动化系统的关键环节，其功能和可靠性在很大程度上影响了整个自动化系统的性能。因此，要求微机保护子系统中的各保护单元，除了具有独立完整的保护功能外，还必须具备某些附加功能，例如保护功能模块独立，工作不受监控系统和其他子系统影响；故障记录功能；统一时钟对时功能；储存多种保护定值，并能够当地显示、多处观察和授权修改定值；保护管理与通信功能；故障自诊断、闭锁和恢复功能。

3. 自动装置子系统功能

自动装置对变电站的安全、可靠运行起着重要作用，是其他子系统无法取代的。在变电站自动化系统中，微机型自动装置取代常规自动装置，就地实现控制。重要的自动装置有备用电源自动投入装置和自动重合闸装置。

4. 系统综合功能

在变电站自动化系统中，系统综合功能指综合利用监控系统的监测功能，通过信息共享实现的功能，例如电压 – 无功综合控制、按频率降低自动减负荷、按电压降低自动减负荷、变压器经济运行控制等。

（1）电压 – 无功综合控制。

电压 – 无功综合控制的目的是保证系统安全运行、提高供电电压质量。对电压和无功的合理调节，不仅可以提高供电电压质量，保证电压合格率，而且还可以降低网损，提高电网运行的经济性。

运行经验和研究结果表明，造成系统电压下降的主要原因是系统的无功功率不足或无功功率分配不合理，因此，变电站的主要调压手段是调节有载调压变压器分接头位置和控制无功功率补偿电容器、电抗器。有载调压变压器可以在带负荷情况下切换分接头位置，可以改变变压器变比，起到调节二次侧电压的作用；控制无功补偿电容器、电抗器的投切，可以改变电网中无功功率的数值和分布，减少网损和电压损耗，改善用户侧电压质量。变电站有载调压变压器和补偿电容器示意图如图 10-3 所示。

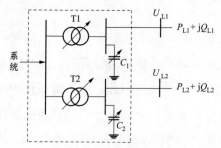

图 10-3　变电站有载调压变压器和补偿电容器示意图

（2）按频率降低自动减负荷和按电压降低自动减负荷。

按频率降低自动减负荷、按电压降低自动减负荷的目的是保证系统安全运行。

5. 远动和通信功能

变电站自动化系统包含若干子系统，在实现变电站自动化时，必须将各个子系统以及单元控制装置集成为一体，同时变电站自动化系统还应实现与上级调度部门的通信。因此，需要远动和通信功能，通信方式包括变电站自动化系统内部的现场级通信、变电站自动化系统与上级调度通信。

变电站自动化系统内部的现场级通信，主要解决监控主机（上位机）与

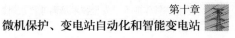

各子系统、各子系统之间的数据通信和信息交换。可以采用并行通信、串行通信、局域网、现场总线等多种通信方式。

变电站自动化系统与上级调度通信，主要解决变电站自动化系统将各种信息和记录等远传到调度，同时接收调度下达的各种操作、控制、修改定值等命令。常用有问答、循环等通信方式。

二、变电站自动化的特点

变电站自动化综合应用了计算机硬件和软件技术、数字通信技术，根据以上变电站自动化系统的基本功能，可概括变电站自动化的特点如下。

1. 功能综合化

变电站自动化将传统变电站的监控、保护、自动控制等功能集成，综合了变电站内除一次设备和交、直流电源以外的全部二次系统，并通过信息交换和共享实现了某些综合控制功能，使变电站的监控、保护和控制整体功能明显提高。

2. 系统结构微机化、网络化

变电站自动化系统内各子系统及各功能模块，均由不同配置的单片机或微型机系统构成，通过网络、总线将各子系统连接起来，实现变电站全部二次系统功能的微机化以及结构的网络化。

3. 测量显示数字化

变电站自动化系统的微机化，使反应一次系统运行状态的信息全部数字化，彻底改变了原有的测量、显示手段。以数据采集系统代替传统的测量仪表和仪器，显示器代替传统的指针表盘，因而克服了模拟测量装置和显示的误差，提高了准确度，并且数字显示直观、明了，同时打印机代替了传统的人工抄表记录、报表。

4. 操作监视屏幕化

变电站自动化系统，用彩色屏幕显示器代替了传统的庞大的模拟屏和诸多操作屏。操作人员通过显示器可以监视全变电站的实时运行情况；操作人员面对显示器，利用鼠标或键盘就可以完成断路器的跳合闸操作，中央信号全部为屏幕画面闪烁及文字或语音提示。

5. 运行管理智能化

变电站运行管理智能化是通过一系列软件实现的，即通过计算机程序运行实现变电站的管理功能。例如实现变电运行班组管理、继电保护和自动装置定值管理、变电站故障诊断及故障恢复、变电站安全运行管理、变电站运行设备管理、变电站运行方式管理等。另外通过变电站仿真培训系统，操作人员可进行日常操作和事故处理等模拟训练。

6. 无人值守远程监控

变电站自动化系统为无人值守远程监控的变电站运行方式提供了基础，实现了减人增效的生产目标。

三、变电站自动化的类型

目前运行的变电站自动化按系统结构可分为集中式、分布式和分散分布式三种类型。

1. 集中式变电站自动化系统结构

集中式指集中采集信息、集中运算处理，微机保护与微机监控集成一体，实现对整个变电站设备的保护和监控。集中式变电站自动化系统结构框图如图 10-4 所示。

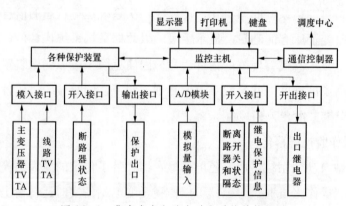

图 10-4 集中式变电站自动化系统结构框图

集中式变电站自动化系统通常为以监控主机为中心的放射形网络结构，但多数的微机保护功能、微机监控与调度通信两部分由分别的微机系统完成。特点是结构简单、价格低，但容易产生数据传输的瓶颈问题，扩展性和维护性较差，一般用于小型变电站。

2. 分布式变电站自动化系统结构

分布式指按功能模块设计，采用主从 CPU 协同工作方式，各功能模块之间无通信，而是监控主机与各功能子系统通信。集中组屏的分布式变电站自动化系统结构框图如图 10-5 所示，图中"总控"为通信控制器或通信扩展装置，总控 A 与总控 B 互为备用，切换使用。

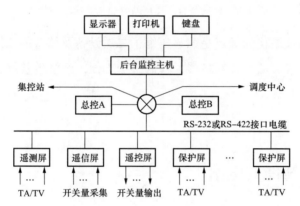

图 10-5 集中组屏的分布式变电站自动化系统结构框图

分布式结构的优点是系统扩展方便，局部故障不影响其他功能模块工作，数据传输的瓶颈问题得到解决，提高了系统实时性。但由于按功能组屏，屏内有不同间隔的装置，给维护带来不便，且连接电缆繁杂。

3. 分散分布式变电站自动化系统

分散分布式变电站自动化系统，根据现场设备的分散地点分别安装现场单元，现场单元可以是微机保护和监控功能二合一的装置，也可以是微机保护和监控部分各自独立。分散分布式变电站自动化系统结构框图如图 10-6 所示，在各开关间隔按功能面向对象一体化组屏，独立完成保护和监控功能；在控制室或保护室按功能分别组屏。

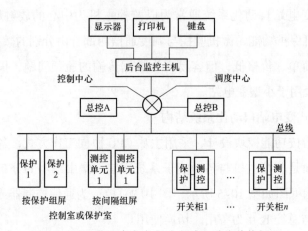

图 10-6　分散分布式变电站自动化系统结构框图

分散分布式结构的优点是明显压缩了二次设备及繁杂的二次电缆、节省占地，系统配置灵活、容易扩展，检修维护方便，经济效益好，适用于各种电压等级的变电站。

第三节　智能变电站

一、智能变电站产生的背景

20 世纪 90 年代以来，变电站自动化系统逐步普及，变电站已经具备了一定的自动化和数字化特征。但是随着变电站自动化系统的使用范围越来越广，人们也发现了一些存在的问题，主要表现在以下三个方面：

（1）变电站中不同种类设备之间融合度不够，缺乏有效的设备间共享资源的手段；

（2）变电站设备间通信标准不统一，设备之间互操作性较差；

（3）变电站二次回路使用大量电缆，导致二次接线工作量大，并容易受到电子干扰影响。

随着信息技术、通信技术、计算机技术的发展，各种数字化技术逐步在电力系统中得到应用，其中有三个重要的技术进步，促进了变电站向智能变方向发展。

（1）智能一次设备是智能变电站的基础，也是其重要技术特征。

（2）IEC 61850 的推出为变电站建立了一套完整的网络通信体系，可有效解决设备间的互操作、自定义、可扩展等问题，是智能变电站的网络通信规范基础；

（3）现代网络通信技术为变电站提供了数字化通信手段，解决了信息传输与共享机制，是智能变电站的信息传输基础。

二、智能变电站的特点

智能变电站是以变电站一二次设备为数字化对象，在 IEC 61850 通信规范基础上，实现变电站内电气设备间信息共享和互操作的现代化变电站。随着信息技术和网络通信技术的飞速发展，智能变电站的内涵仍处在不断丰富和扩充的过程之中。

智能变电站具有如下特点：

（1）智能一次设备主要通过"一次设备本体＋传感器＋智能组件"的方式实现。智能一次设备中，对二次系统影响最大的是智能断路器和智能采样设备。

（2）二次设备实现了数字化和智能化。二次设备处理的信息变为基于网络传输的数字化信息，功能配置和信息交换也通过网络实现，网络通信功能成为二次设备的核心功能之一。

（3）变电站通信网络和系统实现了标准化。智能变电站基于 IEC 61850 标准，解决了传统变电站设备互操作性差的问题，实现了变电站信息建模的标准化。

（4）二次回路简单，抗干扰能力强。互感器输出的数字化电气量可通过光纤以数字量形式传输，极大增强了信号传输环节的抗干扰能力，同时光缆代替了电缆，二次回路接线工作量大为降低。

智能变电站的上述优势和特点，在技术、运行和管理水平上是对传统变电站自动化的全面提升，有利于减少运行成本、促进减员增效、提升变电站运行效率，但同时也对变电站运行维护人员的知识更新带来挑战。

参考题

一、选择题

1. 电力系统继电保护由（　　　）、逻辑部分和执行部分构成。

A. 显示部分　　　　　　　B. 测量部分　　　　　　　C. 判断部分

2. 微机保护采样时，采样频率 f_s 与采样信号中所含最高频率成分 f_{max} 的频率的关系为（　　　）。

A. $f_s > f_{max}$　　　　　　B. $f_s > 2f_{max}$　　　　　　C. $f_s < f_{max}$

3. 微机保护硬件结构由（　　　）、开关量输入／输出系统、微机主系统组成。

A. 数据采集系统　　　　B. 软件算法　　　　　　C. 中断程序

二、判断题

1. 微机保护的基本构成包括硬件和软件。（　　　）

2. 微机保护中将模拟量转换为数字量称为模数转换。（　　　）

3. 微机保护是指将集成电路作为核心部件构成的继电保护。（　　　）

第十一章 CHAPTER ELEVEN

电气二次回路

电力系统中，根据电气设备作用分为一次设备和二次设备。一次设备是构成电力系统的主体，它是直接生产、输送、分配电能的电气设备。二次设备是对一次设备进行监测、控制、调节和保护的低压电气设备。二次回路指二次设备及其相互连接的回路。本章内容包括互感器、二次接线图、断路器和隔离开关的控制、信号回路、操作电源以及测量回路等，它们与前述继电保护和自动装置组成二次系统。

第一节　电流互感器二次回路

　　电力系统一次电压很高，电流很大，仪器仪表及保护装置无法直接接入一次系统。电流互感器是将交流一次侧大电流转换成可供测量、保护等二次设备使用的变流设备，还可以使二次设备与一次高压隔离，保证工作人员的安全。电流互感器是单相的，一次侧流过电力系统的一次电流，二次侧接负载 Z_L（表计、继电保护装置线圈等），一般二次侧额定电流为 5A 或 1A。电流互感器有电磁式和电子式两种。

一、电流互感器的极性和相量图

　　电流互感器一次绕组和二次绕组都是两个端子引出，如图 11-1 所示，绕组 L1-L2 为一次绕组，绕组 K1-K2 为二次绕组。在使用电流互感器时，需要考虑绕组的极性。电流互感器一次绕组和二次绕组的极性通常采用减极性原则标注，即当一次和二次电流同时从互感器一次绕组和二次绕组的同极性端子流入时，它们在铁芯中产生的磁通方向相同。在图 11-1 中，L1 与 K1 是同极性端子，同样 L2 与 K2 也是同极性端子。同极性端子还可以用"*"" · "等符号标注。

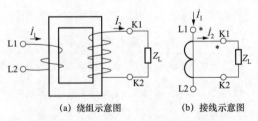

(a) 绕组示意图　　　　(b) 接线示意图

图 11-1　电流互感器的极性标注

　　电流互感器采用减极性原则标注时，当一次电流从 L1（或 L2）流入互感

器一次绕组时，二次感应电流的规定正方向从 K1（或 K2）流出互感器二次
绕组（这也是二次电流的实际方向），如图 11-2（a）所示。如果忽略电流互
感器的励磁电流，其铁芯中合成磁通为

$$\dot{I}_1 \dot{N}_1 - \dot{I}_2 \dot{N}_2 = 0 \qquad (11-1)$$

$$则 \ \dot{I}_2 = \frac{\dot{I}_1}{N_2/N_1} = \frac{\dot{I}_1}{n_{TA}} \qquad (11-2)$$

式中　$\dot{I}_1$、$\dot{I}_2$——电流互感器一次电流、二次电流；

　　N_1、N_2——电流互感器一次绕组匝数、二次绕组匝数；

　　n_{TA}——电流互感器变比。

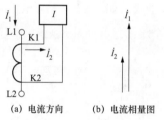

(a) 电流方向　　　(b) 电流相量图

图 11-2　电流互感器一、二次电流

可见，此时电流互感器一次电流、二次电流相位相同，如图 11-2（b）
所示。

二、电流互感器的接线方式

电流互感器的接线方式指电流互感器二次绕组与电流元件线圈之间的连
接方式。常用的接线方式有三相完全星形接线、两相不完全星形接线、两相
电流差接线方式等。电流保护的常用接线方式如图 11-3 所示。

三相完全星形接线，如图 11-3（a），三相都装有电流互感器以及相应的
电流元件，能够反应三相的电流，正常情况下中性线电流为 $\dot{I}_n = \dot{I}_a + \dot{I}_b + \dot{I}_c = 0$。

两相不完全星形接线，如图 11-3（b），只有两相（A、C 相）装有电流
互感器以及相应的电流元件，只能反应两相的电流，正常情况下中性线电流
为 $\dot{I}_n = \dot{I}_a + \dot{I}_c = \dot{I}_b$。

　　两相电流差接线，如图 11-3（c），只有两相（一般是 A、C 相）装有电流互感器和一个电流元件，电流互感器二次差接线，流入电流元件的电流为 $\dot{I}_\mathrm{a} - \dot{I}_\mathrm{c}$。

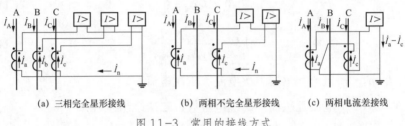

(a) 三相完全星形接线　　　(b) 两相不完全星形接线　　　(c) 两相电流差接线

图 11-3　常用的接线方式

　　三元件的不完全星形接线，如图 11-4 所示，在中性点不直接接地的电网中，常采用三元件的不完全星形接线，显然第三个电流元件流过电流即 $\dot{I}_\mathrm{n} = \dot{I}_\mathrm{a} + \dot{I}_\mathrm{c} = -\dot{I}_\mathrm{b}$。

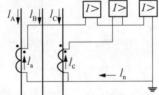

图 11-4　三元件的不完全星形接线

　　对于电流互感器接线需要注意以下问题：

　　（1）电流互感器二次应该有一个保安接地点。防止互感器一、二次绕组绝缘击穿时危及设备和人身安全，并且只能有一个接地点，如果设置了两个接地点，将造成地电位差电流；由多组电流互感器连接构成继电保护电流回路时，如变压器差动保护，其二次电流回路应在保护屏上设有一个公共接地点，避免地电流与电流互感器二次回路电流耦合引起保护误动作。

　　（2）通常不允许继电保护与测量仪表共用同一电流互感器。测量仪表一般用于反映正常状态的电流，而继电保护要求正确反应故障状态下的大电流。因此，继电保护与测量仪表反应的电流范围不同，测量精度要求也有区别。

（3）电流互感器在运行中，应严防二次侧开路。由式（11-1）可知，电流互感器在正常运行时，由于二次电流的去磁作用，铁芯中合成磁通很小，铁芯磁密很低；如果二次侧开路，二次电流等于零，去磁作用消失，一次电流全部流入励磁支路，铁芯中磁通骤增，铁芯严重饱和，则一次电流过零瞬间，在二次绕组两端产生很高的脉冲电压（甚至可能达几千伏），造成二次绕组绝缘损坏，并威胁人身和设备安全。因此电流互感器二次回路不能装设熔断器，不设置切换回路，如果需要切换，须有防止电流互感器二次回路开路的措施。

三、电流互感器的误差及二次负载

式（11-1）和式（11-2）是理想电流互感器的 $\dot{I}_1$ 与 $\dot{I}_2$ 的关系式，即认为励磁电流等于零。实际电流互感器等值电路如图 11-5 所示。

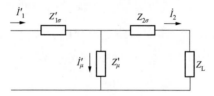

图 11-5　电流互感器等值电路

$Z'_{1\sigma}$—一次绕组漏阻抗；$Z'_{2\sigma}$—二次绕组漏阻抗；Z'_{μ}—励磁回路阻抗；Z_{L}—负载阻抗

由于存在励磁回路，使实际电流互感器的一次电流与二次电流之比并不等于其变比，相位也不相同，即电流互感器在电流变换过程中存在误差。前者称为变比误差，后者称为相角误差。

测量仪表需要在正常运行状态下准确测量，而继电保护则要求在短路故障情况下，有一定的准确度能够反应故障即可。通常继电保护对电流互感器的误差要求是：综合误差不超过 10%，即励磁电流不超过一次电流的 10%。在这种情况下，相角误差不超过 7°。图 11-6 示出了综合误差为 10% 时的曲线，通常称为 10% 误差曲线。

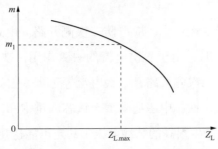

图 11-6　电流互感器的 10% 误差曲线

图中纵坐标 $m = \dfrac{I_1}{I_{1N}}$ 是一次电流倍数，指电流互感器一次电流 I_1 与一次额定电流 I_{1N} 之比；横坐标 Z_L 是电流互感器二次负载阻抗。如果一次电流倍数与二次负载阻抗在图中的交点在曲线下方，例如一次电流倍数为 m_1 时，二次负载阻抗 $Z_L < Z_{L.max}$，表示电流互感器综合误差满足小于 10% 的要求。即当一次系统电流确定的情况下，互感器二次负载阻抗就不能超过一定数值，所以在确定接入的保护装置时，需要限制互感器二次负载阻抗。

需要指出，差动保护中差动回路电流与电流互感器的综合误差大小密切相关；一般电流保护中的测量精度与变比误差有关。

第二节　电压互感器二次回路

电压互感器是将交流一次侧高电压转换成可供控制、测量、保护等二次设备使用的二次侧电压的变压设备，还可以使二次设备与一次高压隔离，保证工作人员的安全。电压互感器有单相式和三相式，一次侧接在电力系统的一次母线，二次侧接负载（表计、继电器线圈等），一般二次侧额定相电压为 $100/\sqrt{3}$ V。电压互感器有电磁式、电容式、电子式三种。

一、电压互感器的极性和相量图

电压互感器一次绕组和二次绕组都是两个端子引出，如图 11–7 所示，绕组 L1–L2 为一次绕组，绕组 K1–K2 为二次绕组。在使用电压互感器时，同样需要考虑绕组的极性。电压互感器一次绕组和二次绕组的极性通常采用减极性原则标注，即当互感器一次绕组和二次绕组同时有电流从同极性端子流入时，它们在铁芯中产生的磁通方向相同。在图 11–7 中，L1 与 K1 是同极性端子，同样 L2 与 K2 也是同极性端子。同极性端子还可以用 "*" "·" 等符号标注。

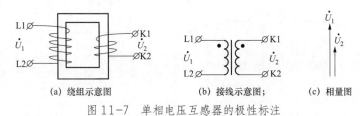

(a) 绕组示意图   (b) 接线示意图；   (c) 相量图

图 11–7 单相电压互感器的极性标注

如果不计一次、二次绕组电阻、漏抗上压降，则一次电压、二次电压相位相同，如图 11–7（c）所示。电压互感器的变比为

$$n_{TV} = \frac{N_1}{N_2} = \frac{\dot{U}_1}{\dot{U}_2} \qquad (11-3)$$

式中 $\dot{U}_1$、$\dot{U}_2$——电压互感器一次电压、二次电压；

N_1、N_2——电压互感器一次绕组匝数、二次绕组匝数；

n_{TV}——电压互感器变比。

三相电压互感器的一、二次电压和极性标注如图 11–8 所示。

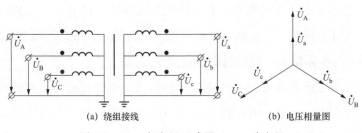

(a) 绕组接线   (b) 电压相量图

图 11–8 三相电压互感器一、二次电压

二、电压互感器的接线

电压互感器二次负载是继电保护或测量仪表的电压输入回路，需要接入相电压或者线电压，有时还需要零序电压，因此电压互感器接线必须根据二次负载的要求提供相应的电压。常用的电压互感器接线有星形接线、开口三角接线等，如图11-9所示。

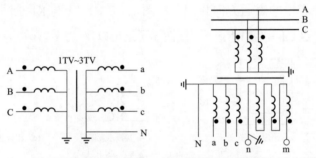

(a) 三个电压互感器的$\curlyvee_0$/$\curlyvee_0$接线；　(b) 三相五柱电压互感器的$\curlyvee_0$/$\curlyvee_0$/$\triangle$接线

图11-9　电压互感器的接线

图11-9（a）三个电压互感器的$\curlyvee_0$/$\curlyvee_0$接线，中性点接地，可用于测量相电压和线电压。

图11-9（b）三相五柱电压互感器的$\curlyvee_0$/$\curlyvee_0$/$\triangle$接线，中性点接地，且二次有两组绕组，其中一组接成星形，可用于测量相电压和线电压，另一组接成开口三角形，用于测量零序电压（见线路保护和变压器保护章节的"零序电压保护"部分）。

对于电压互感器接线需要注意以下问题：

（1）电压互感器二次侧必须有一个保安接地点。防止一、二次绕组之间出现漏电或电击穿时，一次侧的高电压进入二次绕组，危及人身和设备安全。电压互感器二次侧接地一般采用中性点接地方式。

（2）电压互感器在运行中严防二次侧短路。电压互感器正常运行时，二次负载阻抗很大，近似于开路状态，负载电流很小。如果电压互感器二次侧短路，必将产生数值很大的短路电流，威胁设备安全。因此，在电压互感器二次回路应装设熔断器或自动开关，用于切除二次回路的短路故障，同时发报警信号。但开口三角回路输出零序电压，正常运行时零序电压很小，如熔断器意外开断或自动开关跳闸，回路状态无法监控，所以开口三角回路不得装设熔断器或自动开关。

三、电压互感器的误差

式（11-3）是理想电压互感器的 $\dot{U}_1$、$\dot{U}_2$ 的关系式，即一、二次绕组漏抗及电阻均等于零。实际上一、二次绕组的漏抗及电阻不可能为零，使电压互感器在电压变换过程中，同样存在变比误差和相位误差。

测量仪表需要在正常运行状态下准确测量，而继电保护则要求在短路故障情况下，有一定的准确度能够反应故障即可。因此，测量仪表对电压互感器的准确度要求比继电保护的高。

第三节　二次接线及读图方法

分立元件构成的继电保护二次接线图，按照其用途可分为原理接线图和安装接线图两大类，原理接线图又分为归总式原理接线图和展开式原理接线图。微机型继电保护及自动装置无法完全采用归总式原理接线图和展开式原理接线图，可采用逻辑框图表明其工作原理和各组成部分之间的关系，采用交流回路展开图表明电流电压输入回路。

一、归总式原理接线图

归总式原理接线图简称原理图。在原理图上，各种电器以整体形式出现，其相互联系的电流回路、电压回路和直流回路都综合在同一张图，因此清楚、形象地表示继电保护、自动装置和测量仪表等的动作原理和连接关系。例如，线路过电流保护的原理图如图 11-10 所示。

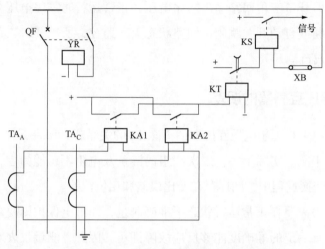

图 11-10　线路过电流保护的原理图

1. 归总式原理图的特点

（1）二次接线与一次系统接线的相关部分画在一张图上，电气元件的线圈与触点以整体形式表示，表明各二次设备构成、数量、电气连接关系，直观、形象；

（2）电气元件采用统一的文字符号，按动作顺序画出；

（3）缺点是不能表明电气元件的内部接线、二次回路的端子号、导线的实际连接方式。

2. 归总式原理图的应用

归总式原理图可用来分析保护动作行为。例如，根据线路过电流保护的工作原理，利用图 11-10 分析线路发生短路时保护的动作过程：

（1）短路电流通过电流互感器 TA_A 和 TA_C，变换后流入 KA1 和 KA2，当电流大于继电器动作值时，KA1 和 KA2 动作，动合触点闭合；

（2）KA1 和 KA2 的触点接通时间继电器 KT 的线圈电源，经过整定延时后，其动合触点闭合；

（3）KT 的触点经信号继电器 KS 的线圈、断路器 QF 辅助触点接通跳闸线圈 YR 电源，使 QF 跳闸，同时 KS 发出保护动作信号。

由于原理接线图能够给读者对整体装置和回路的构成一个明确的整体概念，可用于表示继电保护、自动装置的工作原理和构成所需的设备，因此可作为二次回路设计、绘制展开式原理图等其他工程图的原始依据，但不能直接作为施工图纸。

二、展开式原理接线图

展开式原理接线图简称展开。展开图按供给二次回路的独立电源划分，将交流电流回路、交流电压回路、直流操作回路、信号回路分开表示。同一电气元件的电流线圈、电压线圈、触点分别画在不同的回路中，采用相同的文字符号。例如，图 11-10 对应的展开图如图 11-11 所示。

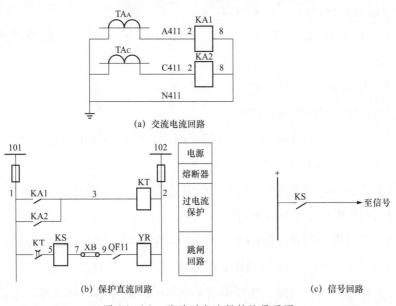

(a) 交流电流回路

(b) 保护直流回路

(c) 信号回路

图 11-11　线路过电流保护的展开图

1. 展开式原理图的特点

归纳展开接线图的特点如下：

（1）按不同电源回路划分成多个独立回路，例如交流电流回路、交流电压回路、控制回路、合闸回路、保护回路、测量回路、信号回路等，在这些回路中，交流回路按照 A、B、C 相序，直流回路各电气元件（继电器、装置等）按动作顺序自上而下、从左到右排列；

（2）在图形上方有统一规定的文字符号；

（3）各导线、端子有统一规定的回路编号和标号。

由于展开接线图按电气元件的实际连接顺序排列，接线清晰、易于阅读和分析、便于分类查线，可用于了解整套装置的动作程序和工作原理，尤其是复杂电路其优点更为突出，是二次回路工作的依据。

2. 展开式原理图的回路标号

为了便于安装、运行维护，在二次回路中设备之间的所有连接线均需要标号，标号采用数字或与文字组合，表明回路的性质和用途。

交流回路进行标号有以下原则：

（1）交流回路按相别顺序标号，例如图 11-11（a）交流电流回路中的 A411、C411、N411；

（2）交流回路按照用途不同使用不同的数字组，例如电流回路用 400~599、电压回路用 600~799；

（3）互感器回路在限定的数字组范围内，自互感器引出端按顺序编号，例如 TA1 用 411~419、TV2 用 621~629；

（4）某些特定交流回路采用专用的编号组。

直流回路进行标号有以下原则：

（1）不同用途的直流回路使用不同的数字范围，例如控制和保护回路用 001~099 及 1~599，励磁回路用 601~699；

（2）控制和保护回路，按照熔断器所属的回路分组，每组按照先正极性回路奇数顺序编号，再由负极性回路偶数顺序编号；

（3）经过回路中的线圈、绕组、电阻等电压元件后，回路的极性发生改变，其编号的奇偶顺序即随之改变，例如图 11-11（b）保护直流回路；

（4）某些特定的回路采用专用编号组，例如正电源用 101、201 等，负电源用 102、202 等。

三、安装图

安装接线图简称安装图，是二次回路设计的最后阶段，是制造厂加工制造屏（台）和现场施工安装必不可少的图纸，是二次系统运行、调试、检修等的主要参考图纸。安装图中的各种电器和连接线，按照实际图形、位置和连接关系依一定比例绘制。

1. 安装图的组成

安装接线图包括屏面布置图、屏背面接线圈、端子排图。

屏面布置图是从屏正面看，将各安装设备的实际安装位置按比例画出的正视图，是屏背面接线图的依据。

屏背面接线图是从屏背面看，表明屏内安装设备在背面引出端子之间的连接关系，以及与端子排之间的连接关系的图纸。

端子排图是从屏背面看，屏内安装设备接线所需的各类端子排列，表明屏内设备连接与屏顶设备、屏外设备连接关系的图纸。

2. 安装图的标号

安装接线图也需要回路编号和对设备进行标志，安装接线图对设备的标志内容有，安装单位编号和设备顺序编号（与屏面布置图一致）；设备文字符号（与展开接线图一致）；设备型号。

在安装接线图中，通常采用相对编号表示二次设备之间的连接关系，即，如果甲、乙两个端子（设备端子、端子排等）应该用导线连接，那么在甲端子旁标出乙端子的编号、在乙端子旁标出甲端子的编号，即甲、乙两个端子的编号相对应。采用相对编号法，在屏上的每一个端子都能找到它的连接对象。如果某一个端子旁没有编号，说明其没有连接对象；如果某一个端子旁有两个编号，说明其有两个连接对象。图 11-11（a）交流电流回路对应的安装图如图 11-12 所示。

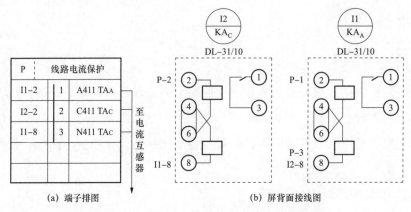

图 11-12　线路过电流保护交流电流回路安装图

四、微机保护及自动装置图

微机保护及自动装置二次回路接线与分立元件继电保护的区别在于，微机型装置在二次系统中是整体，通过装置的外部端子与二次回路连接，包括电流回路、电压回路、开关量输入回路、开关量输出（出口）回路、电源等；装置的动作逻辑由程序实现，没有直流回路展开图。例如 35kV 线路保护的交流回路图如图 11-13 所示。

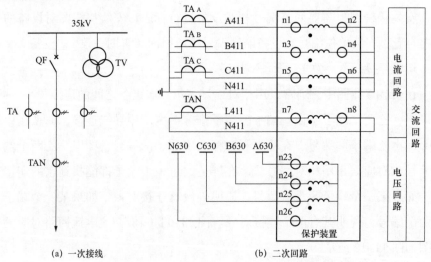

图 11-13　35kV 线路保护的交流回路图

五、二次回路读图基本方法

二次回路图，尤其是复杂保护，看似复杂，但都是遵循一定规律的。因此，阅读二次回路接线图，在掌握对应的一次接线图的基础上，根据继电保护的动作原理，以及图纸的绘制规律进行读图。原则如下：

（1）先读交流回路、后读直流回路。交流回路直接反映一次系统的运行状况，是保护的启动条件；直流回路是交流回路电气量变化的反应。

（2）先找电源、后看回路接线。交流电源以互感器为起点，直流电源以正电源为起点、负电源为终点。

（3）先找线圈、后找相应的触点。继电器或装置的线圈带电后，触点才能动作。

（4）先上后下、先左后右。绘制图纸时，直流回路各电气元件（继电器、装置等）按动作顺序自上而下、从左到右排列。

（5）先设定操作方式、再读图。针对一种操作方式（包括故障类型），操作前各线圈的带电情况、触点的开闭情况，在操作后将发生变化，达到操作的目的。

第四节　断路器及隔离开关控制回路

一、控制方式及控制设备

1. 断路器控制方式

按照控制断路器数量不同，可分为一对一控制和一对 N 控制。前者指利用一个控制开关控制一台断路器；后者指利用一个控制开关选择控制多台断路器。

按照操作电源不同，可分为强电控制和弱点控制。前者指操作电压为 220V 或 110V；后者指操作电压为 48V 及以下。

按照控制地点不同，可分为就地控制和远方控制。前者指控制开关或按钮安装在断路器的开关柜，操作人员就地手动操作；后者指控制开关或按钮安装在距离断路器几十米至几百米的主控室的控制屏（台）上，操作命令通过电缆送至断路器的操动机构，或者控制开关或按钮安装在远方调度室，操作命令通过远动通信设备送至断路器的操动机构。

2. 隔离开关控制方式

隔离开关控制方式分为就地控制和远方控制两种。通常 110kV 及以下的隔离开关采用就地控制；220kV 及以上的隔离开关采用就地控制或者远方控制。

3. 控制设备

断路器和隔离开关的控制设备包括控制开关、控制按钮和微机测控装置。

控制开关和控制按钮由操作人员直接手动操作，发出合闸、分闸脉冲，使断路器或隔离开关合闸、分闸。

微机测控装置接收远方合闸、分闸命令，自动启动出口继电器，对断路器发出合闸、分闸脉冲，使其合闸、分闸。

二、断路器控制回路

断路器分为真空断路器、SF$_6$断路器、压缩空气断路器等。

1. 断路器操动机构

断路器操动机构指断路器自身附带的跳、合闸传动装置，用于使断路器跳闸、合闸或维持合闸状态，因此包括跳闸机构、合闸机构、维持机构。主要类型包括电磁操动机构（CD）、弹簧储能操动机构（CT）、液压操动机构（CY）、空气操动机构（CQ）等。不同操动机构的动力来源不同，其中电磁操动机构的合闸线圈需要电流很大，不能通过控制开关和继电器触点直接接通合闸线圈回路，需要中间合闸接触器；弹簧储能操动机构、液压操动机构和空气操动机构的合闸线圈需要电流不大，可以通过控制开关和继电器触点直接接通合闸线圈回路。

2. 对断路器控制回路的基本要求

（1）断路器操作完成后应迅速断开跳、合闸回路，以免烧坏线圈（断路器的跳、合闸线圈是按照短时通电设计的）；

（2）断路器既能够通过操作开关远方实现手动跳、合闸操作，又能够通过继电保护和自动装置实现自动跳、合闸操作；

（3）具有反映断路器分、合位置状态以及手动、自动操作的明显信号；

（4）具有防止断路器多次分、合动作的"防跳回路"；

（5）具有操作回路、操作电源完好的监视回路；

（6）具有压力正常或弹簧储能等的监视回路和闭锁断路器操作回路；

（7）接线简单、使用设备和电缆最少。

3. 断路器控制回路举例

以弹簧储能操动机构为例，介绍断路器控制电路。弹簧储能操动机构的断路器控制电路如图 11-14 所示。

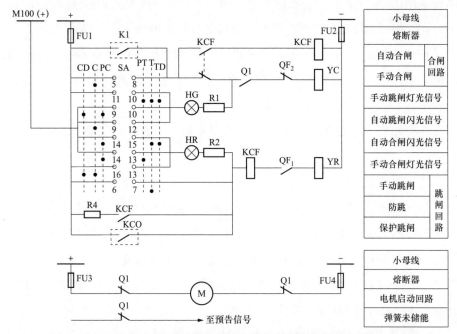

图 11-14 弹簧储能操动机构的断路器控制电路

+、——控制小母线和合闸小母线；M100（+）—闪光小母线；SA—操作断路器的控制开关，有 6 个位置，预备合闸（PC）、合闸（C）、合闸后（CD）、预备跳闸（PT）、跳闸（T）、跳闸后（TD）；HG、HR—断路器位置信号绿色、红色信号灯；FU1～FU4—熔断器；KCF—防跳继电器；KCO—出口继电器；YC、YR—断路器合闸线圈、跳闸线圈；M—弹簧储能电机；Q1—弹簧储能机构的辅助触点

（1）跳、合闸控制电路。

手动操作合闸时，控制开关 SA 置于"合闸位置"（C），触点 5-8 接通，有以下通路：+ → SA5-8 → KCF 动断触点→动合触点 Q1 → QF 辅助动断触点 QF_2 →合闸线圈 YC → −，使 YC 带电，断路器合闸；合闸之后，QF 辅助动断触点 QF_2 打开，断开合闸回路，QF 辅助动合触点 QF_1 闭合，红灯 HR 发光表示断路器合闸运行状态，同时红灯 HR 具有监视跳闸回路完好的作用，准备下一个操作（跳闸）。

手动操作跳闸时，控制开关 SA 置于"跳闸位置"（T），触点 6-7 接通，有以下通路：+ → SA6-7 → KCF 电流线圈→ QF 辅助动合触点 QF1 →跳闸线圈 YR → −，使 YR 带电，断路器跳闸；跳闸之后，QF 辅助动合触点 QF_1 打开，断开跳闸回路，QF 辅助动断触点 QF_2 闭合，绿灯 HG 发光表示断路器分闸状态，同时绿灯 HG 具有监视合闸回路完好的作用，准备下一个操作（合闸）。

自动合闸时，通过自动装置触点 K1 代替控制开关 SA5-8 触点的作用，完成合闸操作；自动跳闸时，通过继电保护出口继电器触点 KCO 代替控制开关 SA6-7 触点的作用，完成跳闸操作。

在厂站已基本取消闪光电源、取消闪光信号，通过后台电脑音响实现该功能。

（2）防跳闭锁电路。

当断路器合闸（手动合闸或自动合闸）到线路永久性故障时，如果控制开关 SA5-8 触点接通时间长，或自动装置触点 K1 卡死或粘住不能断开，则会出现继电保护动作使断路器跳闸、通过 SA5-8 触点或自动装置触点 K1 使断路器合闸的多次跳、合重复动作，称为断路器"跳跃"。为防止断路器"跳跃"现象发生，必须有相应的"防跳"措施。

"防跳"措施有机械防跳和电气防跳两种。机械防跳指操动机构本身具有的防跳性能，通常 6～10kV 断路器的电磁操动机构带有机械防跳措施。电气防跳指在断器控制回路设置的防跳闭锁电路。

图 11-14 中设置了防跳继电器 KCF，有两个线圈，其电流线圈串联于跳

闸回路，是启动线圈，电压线圈通过自身的动合触点与合闸线圈并联，是保持线圈。可以看出，当断路器合闸到线路永久性故障，且控制开关 SA5-8 触点或自动装置触点 K1 卡死或粘住不能断开时，在断路器跳闸过程中 KCF 启动，并自保持，其动断触点断开合闸回路，从而防止了断路器的"跳跃"。只有在控制开关 SA5-8 触点或自动装置触点 K1 打开后，或操作电源退出，KCF 才能返回。

为了达到预期防跳越目的，要求 KCF 动作快速。

（3）位置信号电路。

图 11-14 中断路器的位置信号采用灯光信号，红灯 HR 亮为断路器在合闸位置，绿灯 HG 亮为断路器在跳闸位置；而灯光为平光或闪光表示断路器的实际位置与控制开关 SA 位置对应或不对应。

手动操作合闸，SA 合闸后（CD）位置、16-13 接通，断路器合闸状态、QF 动合触点闭合，红色信号灯 HR 平光；手动操作跳闸，SA 跳闸后（TD）位置、11-10 接通，断路器跳闸状态、QF 动断触点闭合，绿色信号灯 HG 平光。此两种情况的 SA 与 QF 位置都是对应的，是平光信号。

自动合闸（K1 闭合启动合闸），SA 跳闸后（TD）位置、14-15 接通、获得闪光电源 M100（+），断路器合闸后 QF 动合触点闭合，红色信号灯 HR 闪光；自动跳闸（KCO 闭合启动跳闸），SA 合闸后（CD）位置、9-10 接通、获得闪光电源 M100（+），断路器跳闸后 QF 动断触点闭合，绿色信号灯 HG 闪光。此两种情况的 SA 与 QF 位置都是不对应的，是闪光信号。

三、隔离开关控制及闭锁电路

1. 隔离开关控制电路构成原则

（1）隔离开关没有灭弧机构，因此不允许切断和接通负荷电流。控制回路必须受对应的断路器闭锁，保证在断路器合闸状态下不能操作隔离开关。

（2）隔离开关带有接地开关，为了防止带接地合闸，控制回路必须受对应的接地开关闭锁，保证在接地开关合闸状态下不能操作隔离开关。

（3）操作脉冲应是短时的，并且操作完成后能够自动解除。

2. 隔离开关控制电路构成

隔离开关操动机构通常有气动操作、电动操作和电动液压操作三种形式，分别有相应的控制电路。以电动操动隔离开关为例，介绍其控制电路。CJ5 型电动操作隔离开关控制电路如图 11-15 所示。可见，隔离开关操作的控制回路，受断路器和接地开关辅助触点控制，只有在断路器分闸状态和接地开关拉开的情况下，才可能对隔离开关进行操作。

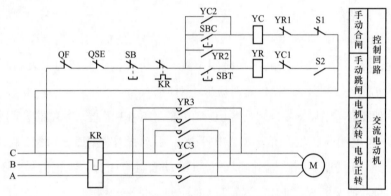

图 11-15　CJ5 型电动操动隔离开关控制电路

YC、YR—隔离开关合闸线圈、跳闸线圈，相应的辅助触点 YC1、YC2、YC3、YR1、YR2、YR3；S1、S2—隔离开关合闸、跳闸行程终端开关触点；SBC、SBT—隔离开关手动合闸按钮、手动跳闸按钮；QF—断路器；QSE—接地开关；SB—紧急停止按钮；KR—热继电器（电动机故障或过载保护）

（1）合闸操作。按下合闸按钮 SBC，使合闸线圈 YC 带电，电动机接到正相序电源，正转合闸隔离开关，当隔离开关合闸行程到位时，触点 S1 打开，断开合闸回路。

（2）跳闸操作。按下跳闸按钮 SBT，使跳闸线圈 YR 带电，电动机接到负相序电源，反转跳闸隔离开关，当隔离开关跳闸行程到位时，触点 S2 打开，断开跳闸回路。

3. 隔离开关电气闭锁

隔离开关操作闭锁的目的是避免带负荷拉、合隔离开关，闭锁装置有机械闭锁、电气闭锁和微机防误闭锁。通常 6～10kV 配电装置采用机械闭锁装置，35kV 及以上电压等级配电装置采用电气闭锁装置或微机防误闭锁装置。闭锁装置保证只有在断路器处于跳闸位置时，才能对隔离开关进行跳、合闸操作，即在断路器处于合闸位置时，闭锁对隔离开关的操作功能。

要求防止电气误操作应达到"五防"，即防止误操作断路器、防止带负荷拉合隔离开关、防止带电挂接地线、防止带地线送电、防止误入带电间隔。

第五节 信号回路

一、信号回路的作用和类型

在变电站自动化系统中，监控子系统取代了常规的告警、报警、中央信号、光字牌等信号，但在一些传统的变电站中仍然采用各种仪表监视电气设备的运行状态，采用灯光和音响信号反映设备正常和非正常运行状况，运行人员根据信号进行分析、判断和处理。通常这些传统变电站的信号系统有如下要求：

（1）断路器事故跳闸时，及时发出蜂鸣器音响信号，即事故信号，以及位置指示灯闪光，并有光字牌显示事故性质；

（2）异常运行情况发生时，瞬时或延时发出警铃音响信号，即预告信号，并有光字牌显示异常的类型和区域；

（3）音响信号能够手动和自动复归，并能保留光字牌信号；

（4）能够实现信号回路的监视和试验，进行事故信号、预告信号和光字牌完好性试验，并在接线上能够实现亮屏或暗屏运行。

另外，各种信号应以运行人员能够迅速、准确判断为原则。

信号回路按电源可分为强电信号回路和弱电信号回路，前者指电源为110V 或 220V；后者指电源为 48V 及以下。根据信号的用途，可分为位置信号、事故信号、预告信号、指挥信号和联系信号。

（1）位置信号。位置信号包括断路器位置信号、隔离开关位置信号、有载调压变压器调压分接头位置信号。

（2）事故信号。断路器事故跳闸时，启动蜂鸣器音响，断路器位置灯光闪光指示断路器自动跳闸。

（3）预告信号。异常运行时，由继电保护启动警铃音响及其光字牌，指示异常原因，例如，变压器过负荷、变压器轻瓦斯动作、电压互感器二次回路断线、控制回路断线等。

（4）指挥信号和联系信号。指挥信号用于主控制室向其他各控制室发出操作命令，联系信号用于各控制室之间的联系。

通常将事故信号、预告信号及一些其他公用信号集中构成中央信号。

二、位置信号

断路器位置信号已在上一节讲述，以下介绍隔离开关位置信号和有载调压变压器调压分接头位置信号。

1. 隔离开关位置信号

对于不需要经常操作的隔离开关，可装设手动的模拟指示牌，即操作隔离开关后，手动拨动指示牌，使其表示与隔离开关的实际位置一致。

对于经常操作的隔离开关，通常在其控制屏上装设电动式位置指示器。例如 MK-9T 电动式位置指示器示意图如图 11-16 所示。当两个线圈均无电流时，黑色标示条在倾斜 45° 位置；当线圈 WS1（①-③）通过电流时，黑色标示条在垂直位置；当线圈 WS2（①-②）通过电流时，黑色标示条在水平位置。两个线圈的电流由隔离开关的辅助触点控制，使黑色标示条的位置与隔离开关的位置对应。

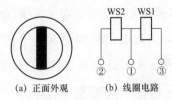

(a) 正面外观 (b) 线圈电路

图 11-16 MK-9T 电动式位置指示器示意图

隔离开关位置信号回路如图 11-17 所示。线路投入运行时，断路器 QF 和隔离开关 QS1、QS2 均在合闸位置，其动合辅助触点闭合，两个位置指示器线圈 WS11（①-③）、WS21（①-③）有电流通过，黑色标示条均在垂直位置，表示隔离开关在合闸状态；当线路退出运行时，断路器 QF 跳闸后，拉开两侧隔离开关 QS1 和 QS2，其动断辅助触点闭合，两个位置指示器线圈 WS12（①-②）、WS22（①-②）有电流通过，黑色标示条均在水平位置，表示隔离开关在分闸状态。QS1₁、QS1₂ 是 QS1 的辅助触点，QS2₁、QS2₂ 是 QS2 的辅助触点。

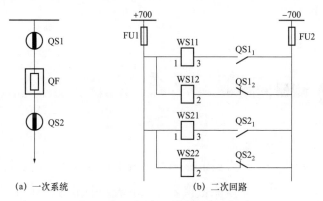

(a) 一次系统　　　　　　　　(b) 二次回路

图 11-17　隔离开关位置信号回路

有的隔离开关位置信号，使用由隔离开关辅助触点控制的重动继电器触点，其效果相同。

2. 有载调压变压器调压分接头位置信号

应用比较广泛的有载调压变压器调压分接头位置信号，有灯盘式传送指示器和数码管式位置指示器两种。

灯盘式传送指示器采用灯泡表示变压器分接头位置，每一个灯泡对应变压器的一个分接头位置。当变压器分接头位置变化时，其机械部分联动触头转至接通对应的灯回路，使灯泡点亮。

数码管式位置指示器利用数码管显示数字表示变压器分接头位置。安装在调压机构上有接触盘和刷架，当变压器分接头位置变化时，刷架随分接头调节轴联动，与接触盘上相应的静触片接通，显示正在运行的分接头编号。

三、中央信号

中央信号是监视变电站电气设备运行的各种信号的总称。在正常运行时，它能显示出断路器和隔离开关的分、合位置，反映出系统的运行方式。当出现不正常的运行方式或发生故障时，它能通过灯光及音响设备发出信号，从而使运行值班人员能根据信号的指示迅速而准确地判断事故的性质、地点、范围，以便采取恰当的措施进行处理。当前中央信号功能已经集成到变电站自动化系统中。

第六节　测量回路

在电力系统中，运行人员依靠测量仪表了解电力系统的运行状态，监视电气设备的运行参数。通常测量仪表有电流表、电压表、有功功率表、无功功率表、有功电能表、无功电能表和频率表等。在变电站自动化系统中，已经采用数字式综合测量控制装置或智能仪表，将传统仪表集成到一个装置，仅通过对电流、电压量的采集，运用软件计算即可得到需要的功率、电量等数据，因此大大简化了测量回路。以下介绍采用分立元件功率测量和电能测量的基本回路。

一、功率测量

1. 有功功率测量

由电工基础知识可知，采用单相有功功率表测量三相电路的有功功率，根据一次系统的接线方式，可以采用不同的测量方法。例如，在三相三线制系统，采用两个单相有功功率表的"两表法"测量三相有功功率；在三相四线制系统，采用三个单相有功功率表的"三表法"测量三相有功功率。

实际三相电路的有功功率测量，是根据以上原理，将两个或三个单相有功功率表组合起来，构成三相功率表。在三相三线制系统，三相两元件式有功功率表的测量回路如图 11-18 所示，图中 PPA 为三相功率表，其中 W1、W2 为有功功率元件。

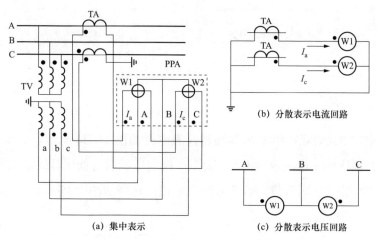

(a) 集中表示　　　　(b) 分散表示电流回路　　　　(c) 分散表示电压回路

图 11-18　有功功率测量二次回路

2. 无功功率测量

实际三相电路的无功功率测量，同样采用三相无功功率表。三相无功功率表的结构与有功功率表相同，在内部接线通过跨相 90° 的接线方法或带有人工中性点的接线方法，实现对无功功率测量。因此，其端子与互感器之间的连接与三相有功功率表相同。

二、电能测量

电能测量基本方法与功率测量相同，例如在三相三线制系统，采用三相两元件有功电能表测量三相电能，其二次回路与图 11-18 相同，只是将图中的有功功率元件换成有功电能元件 Wh1、Wh2。在三相四线制系统，三相三元件有功电能表的测量回路如图 11-19 所示。

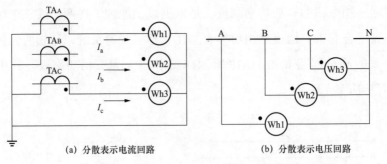

(a) 分散表示电流回路　　　　　　(b) 分散表示电压回路

图 11-19　有功电能测量二次回路

三、举例

变电站 35kV 双绕组变压器测量仪表电路如图 11-20 所示。变压器测量仪表装在低压侧，电流取自电流互感器 5TA，电压取自低压母线电压互感器。电流表 PA 用于监视负荷，通常采用单相式；有功功率表 PPA 和无功功率表

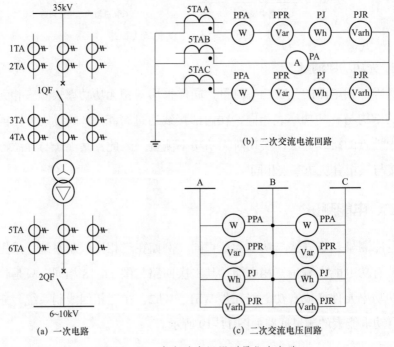

(a) 一次电路　　　　(b) 二次交流电流回路　　　　(c) 二次交流电压回路

图 11-20　变电站变压器测量仪表电路

PPR 用于测量变压器送出的有功功率和无功功率；有功电能表 PJ 和无功电能表 PJR 用于计量变压器送出的有功电能和无功电能。

第七节　操作电源

一、操作电源的作用和类型

变电站的操作电源为断路器控制、继电保护、自动装置和信号设备提供电源，操作电源直接关系到电力系统的安全、可靠运行。

对操作电源有如下基本要求：

（1）具有高度可靠性。保证在正常运行和事故状态下二次设备正常工作。

（2）具有足够容量。满足各种运行工作状态对电源功率的要求。

（3）具有良好的供电质量。在各种运行工作状态下，电源母线电压变化保持在允许范围，纹波系数小于 5%。

（4）满足变电站综合自动化要求。

（5）维护方便、安全、经济。

变电站的操作电源分为交流操作电源和直流操作电源。

1. 交流操作电源

交流操作电源有变流器供给操作电源和交流电压供给操作电源。

交流操作电源可以直接从运行的系统取得，不需要增加整流、蓄电池等设备，简单、经济，一般用于接线方式简单的小容量变电站，以及不太重要的辅助系统。但对于需要直流操作的控制、信号、继电保护和自动装置等设备则不能采用，而且当系统故障断电时将失去操作电源。

2. 直流操作电源

蓄电池直流电源系统有充电－放电运行方式和浮充电运行方式：

（1）充电－放电运行方式。将一组充好电的蓄电池组接在直流母线上作为直流电源给直流负荷供电，同时断开充电装置，当蓄电池组放电到容量的75%～80%时，改由另一组充好电的蓄电池组作为直流电源，并给退出的蓄电池组充电。

（2）浮充电运行方式。将充好电的蓄电池组与浮充电整流器并联运行，正常时由整流器供电给直流负荷用电，并以不大的电流给蓄电池组浮充电，以补充蓄电池组漏电造成的电压降低，使蓄电池组处于充满电状态；当事故状态交流电源消失时，可由蓄电池组供电给直流负荷用电，或承担短时冲击负荷用电。

采用浮充电运行方式，单母线分段的直流系统接线示意图如图 11-21 所示。图中一组蓄电池组可以接到任一段直流母线；充电设备和浮充电设备分别接在两段母线；正常时两段母线并联运行，当查找直流接地点或停电检查时分段隔离开关打开；直流负荷平均分配接在两段母线。

蓄电池组是一种独立的电源，不受交流系统的影响，当系统故障断电的情况下，仍然能够保证控制、信号、继电保护和自动装置等的连续可靠工作，同时可保证事故照明用电；但其价格较高、运行维护复杂。蓄电池组供电的直流操作电源用于重要的、较大容量的变电站。

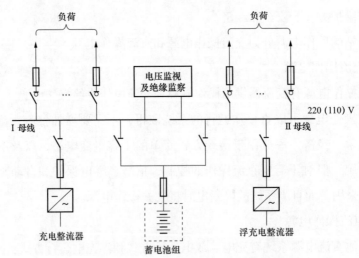

图 11-21　单母线分段的直流系统接线示意图

二、直流绝缘监察

（一）直流系统绝缘要求

直流系统的绝缘水平，直接影响变电站的安全运行，乃至电力系统的安全。当变电站的直流系统绝缘性能降低甚至接地或极间短路，可能导致严重后果。例如，若直流系统正极接地没有得到及时处理，又发生保护出口继电器正端接地，则必然使保护出口继电器动作，断路器误跳闸。

为了防止直流系统绝缘问题影响安全运行，对直流系统有如下要求：

（1）与直流系统直接连接的二次设备必须满足绝缘水平要求，例如接于220V直流电源的设备，其绝缘水平不能低于500V、试验耐压2000V/min。

（2）在有条件情况下，将保护及断路器控制用直流与其他设备用直流分开，并尽可能减小保护及断路器控制用直流的延伸范围。

（3）户外端子箱和各种操动机构箱，均要采用具有防水、防潮、防尘、密封的结构，防止其绝缘受到影响。在严重污秽或空气中有腐蚀性气体的地区，应采用瓷绝缘端子。

（4）户外电缆沟和电缆隧道，均要有良好的排水设施，防止积水引起电缆绝缘下降和影响环境干燥。

（5）主控制室内的控制屏和保护屏，采用前后带门的封闭式结构，防止灰尘进入。对端子排和触点，结合停电及时清扫，保证绝缘部件表面清洁。

（6）在潮湿天气较多的地区，直流系统的额定电压宜采用110V。

（7）对直流系统的绝缘水平要进行经常性监视，发现绝缘下降时应及时处理。

（二）直流系统绝缘监察和电压监视

1.直流系统绝缘监察

直流系统的绝缘监察主要是对地绝缘监视。利用电桥原理构成的电磁式直流绝缘监察电路见图11-22，其具有监视绝缘电阻下降发信号和测量绝缘电阻的功能。

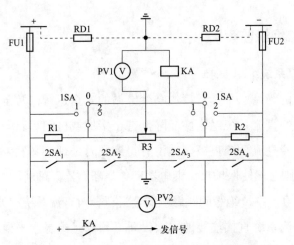

图 11-22　电桥原理构成的电磁式直流绝缘监察电路

RD1、RD2—直流正极对地、负极对地的绝缘电阻；R1、R2—电阻，R1=R2；R3—电位器；
1SA、2SA—切换开关；KA—电流继电器；PV1、PV2—电压表，PV1 具有电压、电阻双重刻度

正常情况下，1SA 在 0 位，R3 被短接，由 RD1、RD2 和 R1、R2 构成的电桥处于平衡状态，KA 中无电流；当直流系统某一极绝缘电阻下降时，破坏了电桥平衡，KA 中有电流通过，动作发出预告信号。

通过 2SA 的切换和 PV2，可以判断哪一极接地和估算绝缘电阻值。当 $2SA_1$、$2SA_4$ 接通时，$PV2 = U_m$ 为直流母线电压；当 $2SA_1$、$2SA_3$ 接通时，$PV2 = U_{(+)}$ 为正极对地电压；当 $2SA_2$、$2SA_4$ 接通时，$PV2 = U_{(-)}$ 为负极对地电压。如果 $U_{(+)} = 0$、$U_{(-)} = 0$，则绝缘良好；如果 $U_{(+)} = 0$、$U_{(-)} = U_m$，则正极接地；如果 $U_{(+)} = U_m$、$U_{(-)} = 0$，则负极接地。

通过 1SA 的切换和 PV1，可以测量出绝缘电阻。如果正极绝缘下降，将 1SA 切到 1 位置，调节 R3 使 PV1 指示为 0；将 1SA 切到 2 位置，此时 PV1 的电阻刻度即绝缘电阻的数值。

2. 直流系统电压监视

直流系统电压监视典型电路如图 11-23 所示。KV1 为低电压继电器，KV2 为过电压继电器，分别用于反应直流母线电压低于允许值和高于允许值。KV1 或 KV2 动作时，通过光字牌 H1 或 H2 发出预告信号。

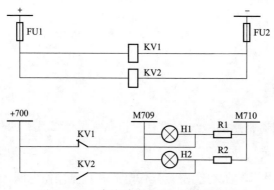

图 11-23   直流系统电压监视典型电路

通常低电压继电器 KV1 的动作电压整定值为直流母线额定电压的 75%；
过电压继电器 KV2 的动作电压整定值为直流母线额定电压的 125%。

参考题

一、选择题

1. 电流互感器二次应该装有一个（   ），以防止互感器一、二次绕组绝
缘击穿时危及设备和人身安全。

A. 保安接地点

B. 熔断器

C. 安全防护罩

2. 电力系统中采用电压互感器可以（   ），保证工作人员的安全。

A. 隔离故障点

B. 使二次设备与一次高压隔离

C. 将一次大电流变换为二次小电流

3. 电压互感器一次绕组和二次绕组的极性通常采用（   ）标注。

A. 减极性原则

B. 加极性原则

C. 阶梯时限原则

二、判断题

1. 电流互感器常用的接线方式有三相完全星形接线、两相不完全星形接线、两相电流差接线方式等。(   )

2. 变电站的操作电源分为交流操作电源和直流操作电源。(   )

3. 断路器位置信号中，当断路器在分闸位置时红灯亮。(   )

应急处置

　　本章主要介绍触电事故、电气火灾应急处置基本知识，包括触电事故种类及形成原理、触电事故的现场急救方法、电气火灾的原因及防火防爆措施、电气灭火要求和常用灭火器的使用等。

第一节　触电事故及现场救护

一、触电事故种类

按照触电事故的构成方式，触电事故可分为电击和电伤。

1. 电击

电击是电流对人体内部组织的伤害，是最危险的一种伤害，绝大多数（大约85%以上）的触电死亡事故都是由电击造成的。

电击的主要特征有：

（1）伤害人体内部。

（2）在人体的外表没有显著的痕迹。

（3）致命电流较小。

按照发生电击时电气设备的状态，电击可分为直接接触电击和间接接触电击。

（1）直接接触电击，是触及设备和线路正常运行时的带电体发生的电击（如误触接线端子发生的电击），也称为正常状态下的电击。

（2）间接接触电击，是触及正常状态下不带电，而当设备或线路故障时意外带电的导体发生的电击（如触及漏电设备的外壳发生的电击），也称为故障状态下的电击。

按照人体接触及带电体的方式，电击可分为单相单击、两相电击和跨步电击三种。

（1）单相电击，指人体接触到地面或其他接地导体，同时，人体另一部位触及某一相带电体所引起的电击。根据国内外的统计资料，单相电击事故占全部触电事故的70%以上。

（2）两相电击，指人体的两个部位同时触及两相带电体所引起的电击。此情况下，人体所承受的电压为线路电压，其电压相对较高，危险性也较大。

（3）跨步电压电击，指站立或行走的人体，受到出现于人体两脚之间的电压即跨步电压作用所引起的电击。跨步电压是当带电体接地，电流经接地线流入埋于土壤中的接地体，又通过接地体向周围大地流散时，在接地体周围土壤电阻上产生的电压梯度形成的。

2. 电伤

电伤是电流的热效应、化学效应、光效应或机械效应对人体造成的伤害。电伤会在人体表面留下明显伤痕，包括电烧伤、电烙印、皮肤金属化、机械损伤、电光眼炎等多种伤害。

（1）电烧伤，是最为常见的电伤。大部分触电事故都含有电烧伤成分，电烧伤可分为电流灼伤和电弧烧伤。

①电流灼伤，指人体与带电体接触，电流通过人体时，因电能转换成的热能引起的伤害。由于人体与带电体的接触面积一般都不大，且皮肤的电阻又比较高，因而产生在皮肤与带电体接触部位的热量就较多。因此，使皮肤受到比体内严重得多的灼伤。电流愈大、通电时间愈长、电流途径上的电阻愈大，则电流灼伤愈严重。电流灼伤一般发生在低压电气设备上，数百毫安的电流即可造成灼伤，数安的电流则会形成严重的灼伤。

②电弧烧伤，指由弧光放电造成的烧伤，是最严重的电伤。弧光放电时电流很大，能量也很大，电弧温度高达数千度，可造成大面积的深度烧伤，严重时将机体组织烘干、烧焦。电弧烧伤既可发生在高压系统，也可发生在低压系统。比如低压系统带负荷（特别是感性负荷）拉裸露刀开关，错误操作造成的线路短路、人体与高压带电部位距离过近而放电，都会造成强烈弧光放电。

在全部电烧伤的事故当中，大部分的事故发生在电气维修人员身上。

（2）电烙印，通常是在人体与带电体紧密接触时，由电流的化学效应和机械效应而引起的伤害。斑痕处皮肤呈现硬变，表层坏死，失去知觉。

（3）皮肤金属化，是由于高温电弧使周围金属熔化、蒸发并飞溅渗透到皮肤表层内部所造成的。受伤部位呈现粗糙、张紧，可致局部坏死。

（4）机械损伤，多数是由于电流作用于人体，使肌肉产生非自主的剧烈收缩所造成的。其损伤包括肌腱、皮肤、血管、神经组织断裂及关节脱位乃至骨折等。

（5）电光性眼炎，其表现为角膜和结膜发炎。弧光放电时的红外线、可见光、紫外线都会损伤眼睛。

二、电流对人体的伤害

电流通过人体时会对人体的内部组织造成破坏。电流作用于人体，表现的症状有针刺感、压迫感、打击感、痉挛、疼痛，乃至血压升高、昏迷、心律不齐、心室颤动等。

电流通过人体内部，对人体伤害的严重程度与通过人体电流的大小、种类持续时间、通过途径以及人体的状况等多种因素有关。

1. 电流大小的影响

通过人体的电流越大，人体的生理反应越明显，感觉越强烈。按照通过人体电流强度的不同以及人体呈现的反应不同，将作用于人体的电流划分为感知电流、摆脱电流和室颤电流。

（1）感知电流。指电流通过人体时能引起任何感觉的最小电流。成年男性的平均感知电流值（有效值，下同）约为 1.1mA，最小为 0.5mA；成年女性约为 0.7mA。

感知电流能使人产生麻酥、灼热感等感觉，但一般不会对人体造成伤害。当电流增大时，引起人体的反应变大，可能导致高处作业过程中的坠落等二次事故。

（2）摆脱电流。指手握带电体的人能自行摆脱带电体的最大电流。当通过人体的电流达到摆脱电流时，虽暂时不会有生命危险，但如超过摆脱电流时间过长，则可能导致人体昏迷、窒息甚至死亡。因此通常把摆脱电流作为发生触电事故的危险电流界限。

成人男性的平均摆脱（概率50%）电流约为 16mA，成年女性平均摆脱电流约为 10.5mA；摆脱概率 99.5% 时，成年男性和成年女性的摆脱电流约为

9mA 和 6mA。

（3）室颤电流。指能引起心室颤动的最小电流。动物实验和事故统计资料表明，心室颤动在短时间内导致死亡，因此通常把引起心室颤动的最小电流值作为致命电流界限。致命电流具体来说是指触电后能引起心室颤抖概率大于 5% 的极限电流，一般认为，工频交流 30mA 以下或直流 50mA 以下，短时间对人体不会有致命危险。

2. 电流持续时间的影响

通电时间越长，越容易引起心室颤动，造成的危害越大。原因如下：

（1）随通电时间增加，能量积累增加（如电流热效应随时间增加而加大），一般认为通电时间与电流的乘积大于 50mA·s 时就有生命危险。

（2）通电时间增加，人体电阻因出汗而下降，导致人体电流进一步增加。

因此，通过人体的电流越大，时间越长，电击伤害造成的危害越大。通过人体电流大小和持续时间的长短是电击事故严重程度的基本决定因素。

3. 电流途径的影响

电流通过人体的途径不同，造成的伤害也不同。

电流通过心脏可引起心室颤动，导致心跳停止，使血液循环中断而致死。电流通过中枢神经或有关部位，会引起中枢神经系统强烈失调；通过头部会使人立即昏迷，而当电流过大时，则会导致死亡；电流通过脊髓，可能导致肢体瘫痪。

这些伤害中，以对心脏的危害性最大，流经心脏的电流越大，伤害越严重。而一般人的心脏稍偏左，因此，电流从左手到前胸的路径是最危险的。其次是右手到前胸，次之是双手到双脚及左手到单（或双）脚，右脚或双脚等。电流从左脚到右脚可能会使人站立不稳，导致摔伤或坠落，因此这条路径也是相当危险的。

4. 电流种类的影响

直流电和交流电均可使人发生触电。相同条件下，直流电比交流电对人体的危害小。在电击持续时间长于一个心搏周期时，直流电的心室颤动电流比交流电高好几倍。直流电在接通和断开瞬间，平均感知电流约为 2mA。接近 300mA 直流电流通过人体时，在接触面的皮肤内感到疼痛，随着通过时间的延长，可引起心律失常、电流伤痕、烧伤、头晕以及有时失去知觉，但这些症状是可恢复的。若超过 300mA 则会造成失去知觉，达到数安培时，只要几秒，则可能发生内部烧伤甚至死亡。

交流电的频率不同，对人体的伤害程度也不同。实验表明，50～60Hz 的电流危险性最大。低于 20Hz 或高于 350Hz 时，危险性相应减小，但高频电流比工频电流更容易引起皮肤灼伤。

5. 个体差异的影响

不同的个体在同样的条件下触电可能出现不同的后果。一般而言，女性对电流的敏感度较男性高，小孩较成人易受伤害。体质弱者比健康人易受伤害，特别是有心脏病、神经系统疾病的人更容易受到伤害，后果更严重。

三、触电事故发生规律

了解触电事故发生的规律，有利增强防范意识和防止触电事故。根据对触电事故发生率的统计分析，可得出以下规律。

（1）触电事故季节性明显。统计资料表明，事故多发于第二、三季度，且 6～9 月份为高峰。夏秋两季多雨潮湿，电气绝缘性能降低容易漏电；天气炎热，出汗多造成人体电阻降低，危险性增大。且这段时间是农忙季节，农村用电量增大，人们接触电气的机会多也是事故多发的原因。

（2）低压设备触电事故多。人们接触低压设备机会较多，低压电气设备及线路简单，分布广，管理不严格，导致低压触电事故多。而高压触电事故则与之相反，管理严格，人员接触不多，专业性电工素质较高。

（3）携带式和移动式设备触电事故多。其主要原因是工作时人要紧握设备走动，人与设备连接紧密，危险性增大；这些设备工作场所不固定，设备和电源线都容易发生故障和损坏；单相携带式设备的保护零线与工作零线容易接错，造成触电事故。

（4）电气连接部位触电事故多。如导线接头、与设备的连接点、灯头、插座、插头、端子板、铰接点等，这些地方作业人员易接触，机械牢固性差，当裸露或绝缘低劣时，就会造成触电机会。

（5）冶金、矿业、建筑、机械行业触电事故多。由于这些行业生产现场存在高温、潮湿、现场作业环境复杂等不安全因素，以致触电事故多。

（6）中青年工人、非专业电工、合同工和临时工触电事故多。因为他们是主要操作者，经验不足，接触电气设备较多，又缺乏电气安全知识，有的责任心不强，以致触电事故多。

（7）农村触电事故多。部分省市统计资料表明，农村触电事故约为城市的3倍。农村用电条件差，保护装置欠缺，乱拉乱接较多，不符合规范，技术落后，缺乏电气知识。

（8）错误操作和违章作业造成的触电事故多。其主要原因是安全教育不够、安全制度不严和安全措施不完善。

触电事故的发生，往往不是单一原因造成的。但经验表明，作为一名电工应提高安全意识，掌握安全知识，严格遵守安全操作规程，才能防止触电事故的发生。

四、触电急救方法

发生意外触电时，越早展开急救，伤者存活的概率越大，因此触电时，施救者一定要冷静，保持清醒的头脑，正确实施急救方法。

触电急救的第一步是使触电者迅速脱离电源，第二步是现场救护。

1. 脱离电源

发生了触电事故，切不可惊慌失措，要立即使触电者脱离电源。使触电者脱离低压电源应采取的方法：

（1）就近拉开电源开关，拔出插销或保险，切断电源。要注意单刀开关是否装在火线上，若是错误的装在零线上不能认为已切断电源。

（2）用带有绝缘柄的利器切断电源线。

（3）找不到开关或插头时，可用干燥的木棒、竹竿等绝缘体将电线拨开，使触电者脱离电源。

（4）可用干燥的木板垫在触电者的身体下面，使其与地绝缘。如遇高压触电事故，应立即通知有关部门停电。要因地制宜，灵活运用各种方法，快速切断电源。

2. 现场救护

（1）若触电者神志清晰，呼吸和心跳均未停止，或曾一度昏迷、但未失去知觉。此时应将触电者躺平就地，安静休息，不要让触电者走动，以减轻心脏负担，并应严密观察呼吸和心跳的变化。

（2）触电者神志不清，判断意识无，有心跳，但呼吸停止或极微弱时，应立即采用仰头抬颏法，使气道开放，并进行口对口人工呼吸。

（3）触电者神志丧失，判断意识无，心跳停止，但有极微弱呼吸时，应对伤者进行胸外心脏按压。

（4）若触电者呼吸和心跳均停止，应立即按心肺复苏方法进行抢救。

（5）如果触电者有皮肤灼烧，应该用干净的水清洗，进行包扎，以免伤口发生感染。

①一般性的外伤表面，可用无菌生理食盐水或清洁的温开水冲洗后，再用适量的消毒纱布、防腐绷带或干净的布类包扎，经现场救护后送医院处理。

②压迫止血是动、静脉出血最迅速的止血法，即用手指、手掌或止血橡皮带在出血处供血端将血管压瘪在骨骼上而止血，同时速送医院处理。

③如果伤口出血不严重，可用消毒纱布或干净的布类叠几层盖在伤口处压紧止血。

④对触电摔伤四肢骨折的触电者应首先止血、包扎，然后用木板、竹竿、木棍等物品临时将骨折肢体固定并速送医院处理。

3. 施救过程再判定

施行急救过程中，还应仔细观察触电者发生的一些变化，如：

（1）触电者皮肤由紫变红，瞳孔由小变大，说明急救方法已见效；

（2）当触电者嘴唇稍有开口，眼皮活动或咽喉处有咽东西的动作，应观察其呼吸和心脏跳动是否恢复；

（3）触电者的呼吸和心脏跳动完全恢复正常时，方可中止救护；

（4）触电者出现明显死亡综合症状，如瞳孔放大、对光照无反应、背部四肢等部位出现红色尸斑、皮肤青灰、身体僵冷等，且经医生诊断死亡时，方可中止救护。

第二节　电气防火防爆

一、电气火灾原因

从我国一些大城市的火灾事故统计可知，电气火灾约占全部火灾总数的30%。电气火灾和爆炸除可能造成人身伤亡和设备毁坏外，还可能造成大规模、长时间停电，给国家造成重大损失。

电气设备及装置在运行中电气设备或线路过热、电火花和电弧是电气火灾爆炸的主要原因。

1. 电气设备或线路过热

电气设备正常工作时产生热量是正常的。因为电流通过导体，由于电阻存在而发热；导磁材料由于磁滞和涡流作用通过变化的磁场时发热；绝缘材料由于泄漏电流增加也可能导致温度升高。这些发热在正确设计、正确施工、正常运行时，其温度是被控制在一定范围内，一般不会产生危害。但设备过热就要酿成事故。过热原因有以下几种情况：

（1）短路；

（2）过载；

（3）接触不良；

（4）铁芯发热；

（5）散热不良。

2. 电火花和电弧

电火花是击穿放电现象，而大量的电火花汇集形成电弧。电火花和电弧都产生很高的温度，在易燃易爆场所很可能造成火灾或爆炸事故。

电火花和电弧分为工作电火花及电弧、事故电火花及电弧。

（1）工作电火花及电弧。有些电器正常工作或正常操作时就产生火花，如触点闭合和断开过程、整流子和滑环电机的碳刷处、插销的插入和拔出、按钮和开关的断合过程等，这些是工作火花。切断感性电路时，断口处火花能量较大，危险性也较大。当电火花的能量超过周围爆炸性混合物的最小引燃能量时，即可引起爆炸。

（2）事故电火花及电弧。包括线路电器故障引起的火花，如熔断器熔断时的火花、过电压火花、电机扫膛火花、静电火花、带电作业失误操作引起的火花、沿绝缘表面发生的闪络等。

无论是正常火花还是事故火花，在防火防爆环境中都要限制和避免。

另外白炽灯点燃时破裂、氢冷电机爆破、电瓶充电时爆破、充油设备（电容器、电力变压器、充油套管等）在电弧作用下爆破等也都容易引起火灾和爆炸。

二、电气防火防爆措施

所有防火防爆措施都是控制燃烧和爆炸的三个基本条件，使之不能同时出现。因此防火防爆措施必须是综合性的措施，除了选用合理的电气设备外，还包括设置必要的隔离间距、保持电气设备正常运行、保持通风良好、采用耐火设施、装设良好的保护装置等技术措施。

1. 保持防火间距

选择合理的安装位置，保持必要的安全间距是防火防爆的一项重要措施。

为了防止电火花或危险温度引起火灾，开关、插销、熔断器、电热器具、照明器具、电焊设备、电动机等均应根据需要，适当避开易燃物或易燃建筑构件。天车滑触线的下方，不应堆放易燃物品。10kV 及以下的变、配电室不应设在爆炸危险场所的正上方或正下方，变、配电室与爆炸危险场所或火灾危险场所毗邻时，隔墙应是非燃材料制成的。

2. 保持电气设备正常运行

电气设备运行中产生的火花和危险温度是引起火灾的重要原因。因此，防止过大的工作火花，防止出现事故火花和危险温度，即保持电气设备的正常运行对于防火防爆也有重要的意义。保持电气设备的正常运行包括保持电气设备的电压、电流、温升等参数不超过允许值，保持电气设备足够的绝缘能力，保持电气连接良好等。

在爆炸危险场所，所用导线允许载流量不应低于线路熔断器额定电流的 1.25 倍和自动开关长延时过电流脱扣器整定电流的 1.25 倍。

3. 爆炸危险环境接地和接零

爆炸危险场所的接地（或接零）较一般场所要求高，应注意以下几点：

（1）除生产上有特殊要求的以外，一般场所不要求接地（或接零）的部分仍应接地（或接零）。例如，在不良导电地面处，交流电压 380V 及以下、直流电压 440V 及以下的电气设备正常时不带电的金属外壳，还有直流电压 110V 及以下、交流电压 127V 及以下的电气设备，以及敷设有金属包皮且两端已接地的电缆用的金属构架均应接地（或接零）。

（2）在爆炸危险场所，6V 电压所产生的微弱火花即可能引起爆炸，为此，在爆炸危险场所，必须将所有设备的金属部分、金属管道以及建筑物的金属结构全部接地（或接零）并连接成连续整体以保持电流途径不中断。接地（或接零）干线宜在爆炸危险场所不同方向不少于两处与接地体相连，连接要牢靠，以提高可靠性。

（3）单相设备的工作零线应与保护零线分开，相线和工作零线均应装设短路保护装置，并装设双极开关同时操作相线和工作零线。

（4）在爆炸危险场所，如由不接地系统供电，必须装设能发出信号的绝缘监视装置，使有一相接地或严重漏电时能自动报警。

三、电气灭火

1. 触电危险和断电

火灾发生后，电气设备因绝缘损坏而碰壳短路，线路因断线而接地，使正常不带电的金属构架、地面等部位带电，导致因接触电压或跨步电压而发生触电事故。因此，发现火灾时应首先切断电源。切断电源时应注意以下几点：

（1）火灾发生后，由于受潮或烟，开关设备的绝缘能力会降低，因此拉闸时应使用绝缘工具操作。

（2）高压设备应先操作断路器，而不应该先拉隔离开关，防止引起弧光短路。

（3）切断电源的地点要适当，防止影响灭火工作。

（4）剪断电线时，不同相线应在不同部位剪断，防止造成相间短路。剪断空中电线时，剪断位置应选择在电源方向支持物附近，防止电线切断后，断头掉地发生触电事故。

（5）带负载线路应先停掉负载，再切断着火现场电线。

2. 灭火安全要求

电源切断后，扑救方法与一般火灾扑救相同。但须注意以下几点：

（1）按灭火剂的种类选择适当的灭火器。二氧化碳灭火器、干粉灭火器可用于带电灭火。泡沫灭火器的灭火剂有一定的导电性，而且对设备的绝缘有影响，不宜用于电气灭火。

（2）人体与带电体之间保持必要的安全距离。用水灭火时，水枪喷嘴至带电体的距离，电压 10kV 以下者不应小于 3m。用二氧化碳等有不导电灭火剂的灭火器灭火时，机体、喷嘴至带电体的最小距离，电压 10kV 者不应小于 0.4m。

（3）对架空线路等空中设备进行灭火时，人体位置与带电体之间的仰角不应超过 45°。

（4）如有带电导线断落地面，应在周围划警戒圈，防止可能的跨步电压电击。

四、常见灭火器的使用

灭火器是人们用来扑灭各种初起火灾的很有效的灭火器材，其中小型的有手提式和背负式灭火器，比较大一点的为推车式灭火器。根据灭火剂的多少，也有不同规格。

1. 干粉灭火器的使用

干粉灭火器是利用二氧化碳气体或氮气气体作动力，将筒内的干粉喷出灭火的，可扑灭一般火灾，还可扑灭油，气等燃烧引起的失火。干粉灭火器按移动方式可分为手提式、背负式和推车式 3 种。

使用手提灭火器时，首先检查灭火器是否在正常压力范围内，然后左手拿住灭火器的喷管，右手提压把手，确保灭火器是竖直的，对准火源底部在上风口处进行灭火。

使用推车式灭火器时，将其后部向着火源（在室外应置于上风方向），先取下喷枪，展开出粉管（切记不可有拧折现象），再用左手把持喷粉枪管托，右手把持住枪把用手指扳动喷粉开关，对准火焰喷射，不断靠前左右摆动喷粉枪，把干粉笼罩住燃烧区，直至把火扑灭为止。

如扑救油类火灾时，不要使干粉气流直接冲击油渍，以免溅起油面使火势蔓延。

使用背负式灭火器时，应站在距火焰边缘五六米处，右手紧握干粉枪握把，左手扳动转换开关到 3 号位置（喷射顺序为 3、2、1），打开保险机，将喷枪对准火源，扣扳机，干粉即可喷出。如喷完一瓶干粉未能将火扑灭，可将转换开关拨到 2 号或 1 号的位置连续喷射，直到射完为止。

2. 泡沫灭火器的使用

泡沫灭火器是通过筒体内酸性溶液与碱性溶液混合发生化学反应，将生成的泡沫压出喷嘴进行灭火的。它除了用于扑救一般固体物质火灾外，还能扑救油类等可燃液体火灾，但不能扑救带电设备和醇、酮、酯、醚等有机溶剂火灾。

3. 二氧化碳灭火器的使用

二氧化碳灭火器是充装液态二氧化碳，利用气化的二氧化碳气体能够降低燃烧区温度，隔绝空气并降低空气中含氧量来进行灭火的。主要用于扑救贵重设备、档案资料、仪器仪表、600V 以下的电气设备及油类初起火灾，不能扑救钾、钠等轻金属火灾。

二氧化碳灭火器主要由钢瓶、启闭阀、虹吸管和喷嘴等组成。常用的又分为 MT 型手轮式和 MTZ 型鸭嘴式两种。

使用手轮式灭火器时，应手提提把，翘起喷嘴根部，左手将上鸭嘴往下压，二氧化碳即可以从喷嘴喷出。

使用二氧化碳灭火器时，一定要注意安全。使用二氧化碳灭火器时，在室外使用的，应选择在上风方向喷射，并且手要放在钢瓶的木柄上，防止冻伤。在室内窄小空间使用的，灭火后操作者应迅速离开，以防窒息。

参考题

一、单选题

1. 电气火灾的引发是由于危险温度的存在，危险温度的引发主要是由于（　　）。

A. 设备负载

B. 电压波动

C. 电流过大

2. 电气火灾发生时，应先切断电源再扑救，但不知或不清楚开关在何处时，应剪断电线时要（　　）。

A. 几根线迅速同时剪断

B. 不同相线在不同位置剪断

C. 在同一位置一根一根剪断

3. 当低压电气火灾发生时，首先应做的是（　　）。

A. 迅速离开现场去报告领导

B. 迅速设法切断电源

C. 迅速用干粉或者二氧化碳灭火器灭火

二、判断题

1. 电气设备缺陷、设计不合理、安装不当等都是引发火灾的重要原因。（　　）

2. 在设备运行中，发生起火的原因中电流热量是间接原因，而火花或电弧则是直接原因。（　　）

3. 当电气火灾发生时，如果无法切断电源，就只能带电灭火，并选择干粉或者二氧化碳灭火器，尽量少用水基式灭火器。（　　）

附　录

变电站（发电厂）第一种工作票

单位＿＿＿＿＿＿＿＿　　编号＿＿＿＿＿＿＿＿＿＿

1. 工作负责人（监护人）＿＿＿＿＿＿＿＿＿　班组＿＿＿＿＿＿＿＿＿

2. 工作班成员（不包括工作负责人）

＿＿＿＿＿＿＿＿＿＿＿＿＿＿＿＿＿＿＿＿＿＿＿＿＿＿＿＿＿＿＿＿＿

＿＿＿＿＿＿＿＿＿＿＿＿＿＿＿＿＿＿＿＿＿＿＿＿＿＿＿＿＿＿＿＿＿

＿＿＿＿＿＿＿＿＿＿＿＿＿＿＿＿＿＿＿＿＿＿＿＿＿＿　共＿＿＿人

3. 工作的变、配电站名称及设备双重名称

＿＿＿＿＿＿＿＿＿＿＿＿＿＿＿＿＿＿＿＿＿＿＿＿＿＿＿＿＿＿＿＿＿

4. 工作任务

工作地点及设备双重名称	工作内容

5. 计划工作时间

自＿＿＿年＿＿月＿＿日＿＿时＿＿分

至＿＿＿年＿＿月＿＿日＿＿时＿＿分

6. 安全措施（必要时可附页绘图说明）

应拉断路器（开关）、隔离开关（刀闸）	已执行 *
应装接地线、应合接地开关（注明确实地点、名称及接地线编号 *）	已执行
应设遮栏、应挂标示牌及防止二次回路误碰等措施	已执行

* 已执行栏目及接地线编号由工作许可人填写。

工作地点保留带电部分或注意事项 （由工作票签人填写）	补充工作地点保留带电部分和安全措施 （由工作许可人填写）

工作票签发人签名＿＿＿＿＿＿　　签发日期＿＿＿＿年＿＿月＿＿日＿＿时＿＿分

7. 收到工作票时间_____年___月___日___时___分

运行值班人员签名_____ 工作负责人签名_____

8. 确认本工作票 1~7 项

工作负责人签名_____ 工作许可人签名_____

许可开始工作时间_____年___月___日___时___分

9. 确认工作负责人布置的工作任务和安全措施

_____

_____

工作班人员签名_____

10. 工作负责人变动情况

原工作负责人_____离去，变更_____为工作负责人。

工作票签发人_____ _____年___月___日___时___分

11. 工作人员变动情况（变动人员姓名、日期及时间）

_____

_____

工作负责人签名_____

12. 工作票延期

有效期延长到_____年___月___日___时___分

工作负责人签名_____ ___年___月___日___时___分

工作许可人签名_____ ___年___月___日___时___分

13. 每日开工和收工时间（使用一天的工作票不必填写）

收工时间				工作负责人	工作许可人	开工时间				工作许可人	工作负责人
月	日	时	分			月	日	时	分		

14. 工作终结

全部工作于＿＿年＿月＿日＿时＿分结束，设备及安全措施已恢复至开工前状态，工作人员已全部撤离，材料工具已清理完毕，工作已终结。

工作负责人签名＿＿＿＿＿＿　　　工作许可人签名＿＿＿＿＿＿

15. 工作票终结

临时遮栏、标示牌已拆除，常设遮栏已恢复。未拆除或未拉开的接地线编号等共＿＿＿组、接地开关（小车）共＿＿＿副（台），已汇报调度值班员。

工作许可人签名＿＿＿＿＿＿　＿＿＿年＿月＿日＿时＿分

16. 备注

（1）指定专职监护人＿＿＿＿＿＿　　负责监护＿＿＿＿＿＿
（地点及具体工作）

（2）其他事项＿＿＿＿＿＿＿＿＿＿＿＿＿＿＿＿＿＿＿＿＿＿
＿＿＿＿＿＿＿＿＿＿＿＿＿＿＿＿＿＿＿＿＿＿＿＿＿＿＿＿＿
＿＿＿＿＿＿＿＿＿＿＿＿＿＿＿＿＿＿＿＿＿＿＿＿＿＿＿＿＿

附录二　变电站（发电厂）第二种工作票格式

变电站（发电厂）第二种工作票

单位_____　编号_____

1. 工作负责人（监护人）_____班组_____

2. 工作班人员（不包括工作负责人）

_____

_____共____人

3. 工作的变、配电站名称及设备双重名称

_____

4. 工作任务

工作地点或地段	工作内容

5. 计划工作时间

自____年___月___日___时___分

至____年___月___日___时___分

6. 工作条件（停电或不停电，或邻近及保留带电设备名称）

_____

_____

_____

7. 注意事项（安全措施）

_____

_____

_____

工作票签发人签名_____　　签发日期_____年___月___日___时___分

8. 补充安全措施（工作许可人填写）

_____

_____

_____

9. 确认本工作票 1 ~ 8 项

工作负责人签名_____　　　　工作许可人签名_____

许可工作时间_____年___月___日___时___分

10. 确认工作负责人布置的工作任务和安全措施

_____

_____

工作班人员签名：_____

11. 工作票延期

有效期延长到_____年___月___日___时___分

工作负责人签名_____　___年___月___日___时___分

工作许可人签名_____　___年___月___日___时___分

12. 工作票终结

全部工作于_____年___月___日___时___分结束，工作人员已全部撤离，材料工具已清理完毕。

工作负责人签名＿＿＿＿＿＿　＿＿＿年＿＿月＿＿日＿＿时＿＿分

工作许可人签名＿＿＿＿＿＿　＿＿＿年＿＿月＿＿日＿＿时＿＿分

13. 备注

＿＿＿＿＿＿＿＿＿＿＿＿＿＿＿＿＿＿＿＿＿＿＿＿＿＿＿＿＿＿＿＿

＿＿＿＿＿＿＿＿＿＿＿＿＿＿＿＿＿＿＿＿＿＿＿＿＿＿＿＿＿＿＿＿

＿＿＿＿＿＿＿＿＿＿＿＿＿＿＿＿＿＿＿＿＿＿＿＿＿＿＿＿＿＿＿＿

附录三 二次工作安全措施票格式

二次工作安全措施票

单位＿＿＿＿＿＿＿＿＿＿＿＿＿＿ 编号＿＿＿＿＿＿＿＿＿＿＿＿＿＿

被试设备名称					
工作负责人		工作时间	月　日	签发人	
工作内容：					
安全措施：包括应打开及恢复压板、直流线、交流线、信号线、联锁线和联锁开关等，按工作顺序填用安全措施					
序号	执行	安全措施内容			恢复

执行人：　　　　　监护人：　　　　　恢复人：　　　　　监护人：

参考题答案

第一章

一、单项选择题

1.B；2.B；3.A；4.A

二、判断题

1.√；2.√；3.×；4.×；5.×；6.×；7.√；8.×；9.√

第二章

一、单选题

1.C；2.C；3.C；4.C；5.C；6.B；7.A；8.B

二、判断题

1.×；2.√；3.√；4.√；5.√；6.√；7.×；8.√

第三章

一、选择题

1.C；2.A；3.B

二、判断题

1.√；2.√；3.√

第四章

一、选择题

1.C；2.A；3.C

二、判断题

1.×；2.×；3.√

第五章

一、选择题

1. A；2. C；3. A；4. B；5. B；6. A；7. A；8. B

二、判断题

1. √；2. √；3. ×；4. √；5. √；6. ×；7. √；8. ×；9. √；10. √

第六章

一、选择题

1. A；2. C；3. A

二、判断题

1. ×；2. √；3. √

第七章

一、选择题

1. B；2. A；3. C

二、判断题

1. ×；2. √；3. ×

第八章

一、选择题

1. C；2. C；3. C

二、判断题

1. ×；2. √；3. √

第九章

一、选择题

1. B；2. C；3. B

二、判断题

1. √；2. ×；3. √

第十章

一、选择题

1. B；2. B；3. A

二、判断题

1. √；2. √；3. ×

第十一章

一、选择题

1. A；2. B；3. A

二、判断题

1. √；2. √；3. ×

第十二章

一、单选题

1. C；2. B；3. B

二、判断题

1. √；2. ×；3. √

参考文献

[1]   国家电力监管委员会电力业务资质管理中心编写组.电工进网作业许可考试参考教材特种类继电保护专业.北京：中国电力出版社，2012.

[2]   李光琦.电力系统暂态分析（第三版）.北京：中国电力出版社，2007.

[3]   水利电力部西北电力设计院.电力工程电气设计手册电气一次部分，1989.

[4]   郭光荣，李斌.电力系统继电保护（第二版）.北京：高等教育出版社，2011.

[5]   陈庆.智能变电站二次设备运维检修知识.北京：中国电力出版社，2007.

[6]   陈庆.智能变电站二次设备运维检修实务.北京：中国电力出版社，2007.